先进制造技术

高密度电路板技术与应用

林定皓 著

乔书晓 杨烈文 审

U0200028

科学出版社

北 京

内 容 简 介

本书是"PCB先进制造技术"丛书之一。本书针对电子产品小型化、多功能化带来的IC节距减小、信号传输速率提高、互连密度提高、线路长度局部缩短，讲解高密度线路及微孔制作技术。

本书共15章，分别介绍了高密度互连技术的演变，高密度电路板的结构、特性、材料、制程，以及线路与微孔制作工艺、表面处理、电气测试、质量评价；还介绍了埋入式元件、先进封装与系统封装等前沿技术。

本书可作为工科院校电子工程、电子信息等专业的教材，也可作为电子制造业、电子装备业的培训用书。

图书在版编目（CIP）数据

高密度电路板技术与应用/林定皓著.—北京：科学出版社，2019.11

（PCB先进制造技术）

ISBN 978-7-03-062006-4

Ⅰ.高… Ⅱ.林… Ⅲ.印刷电路板（材料）–电路设计 Ⅳ.TM215

中国版本图书馆CIP数据核字（2019）第167910号

责任编辑：孙力维 杨 凯 / 责任制作：魏 谨
责任印制：师艳茹 / 封面设计：张 凌
北京东方科龙图文有限公司 制作
http://www.okbook.com.cn

科 学 出 版 社 出版
北京东黄城根北街16号
邮政编码：100717
http://www.sciencep.com

北京九天鸿程印刷有限责任公司 印刷
科学出版社发行 各地新华书店经销

*

2019年11月第 一 版 开本：787×1092 1/16
2019年11月第一次印刷 印张：14
字数：332 000

定价：98.00元
（如有印装质量问题，我社负责调换）

推荐序

电子信息产业是当前全球创新带动性最强、渗透性最广的领域，而PCB是整个电子信息产业系统的基础。作为"电子产品之母"，PCB的核心支撑与互连作用对整机产品来说非常关键。PCB行业的发展在某种程度上直接反映一个国家或地区电子信息产业的发展程度与技术水准。

经过三次迁移，全球PCB产业的重心已转移至中国。目前，中国已成为全球最大的PCB制造基地和应用市场，同时也是全球最大的PCB出口和进口基地。国内PCB直接从业人数约60万，加上设备、材料等相关配套产业，总从业人数超过70万。

随着5G+ABC+IoT等新技术的蓬勃发展和深入应用，PCB产业也将迎来新一轮的发展机遇和更广阔的发展空间。预期未来PCB技术将继续向高密度、高精度、高集成度、小孔径、细导线、小间距、多层化、高速高频和高可靠性、低成本、轻量薄型等方向演进，这对PCB行业人才提出了更高的要求，人才的系统培训也显得愈发重要。基于PCB行业跨越机械、光学、微电子、电气工程、化学、材料、应用物理等多个学科的特性，业界全面系统介绍PCB技术的专业书籍不多，通俗易懂的入门书籍更是稀缺。

林定皓老师从事PCB行业30年以上，有着非常深厚的技术理论功底及丰富的实践经验。同时，林老师也深度涉足半导体等领域，在技术理解方面有着宽广的视野。这套丛书所涉及的主要内容从基础到进阶，不仅涵盖了PCB行业的基本概念解释和发展趋势分析，还针对PCB制造等多项技术进行了详细介绍和探索。林老师以循序渐进的方式带领读者一步步从认识到操作，力图对每一个主题进行深入细致的阐释，包括对最新问题的理解以及对未来潜在技术的研究。这套丛书图文并茂、通俗易懂，可为从业者及科研人员提供全面系统的参考，是不可多得的入门书籍和专业利器。

    感谢林定皓老师分享的宝贵经验和技术知识,同时特别感谢大族激光为这套丛书出版所做的努力。期待该丛书协助从业者夯实理论基础,提升实践技能,也帮助更多非业界人士全面深入地了解PCB,吸引越来越多的人参与进来,助力PCB产业破浪前行。最后,祝愿中国PCB产业乘势而上,坚定向高质量发展方向迈进。

中国电子电路行业协会理事长

由 镭

序

产品空间的压缩，不再是进行高密度互连设计的唯一理由，多功能、智能化与长续航是便携式产品的重点要求。维持高性能、低功耗、无线宽带、单价合理、大屏幕操作、随机分享，都是便携式产品的基本要求。

现在的高密度互连电路板技术与应用，与该技术发展初期的产业环境已不可同日而语。需要涉猎的技术，比当年宽广不知几许。无所不在的网络服务及分享，全球几乎没有死角，现在连笔者都有一朵小"云"，可以与朋友随时分享影音数据。

复杂的高密度互连技术，源自封装性能的整合需求，也源自带宽需求的快速增长。不论是电路板，还是封装载板，都无法置身于外。市场信息瞬息万变，笔者觉得技术书籍没必要用太多篇幅讨论弱时效性的数据，因此仅作简单陈述。全书秉承笔者的习惯，以浅显易读为重。

本书假设读者已经有基本的电路板知识，内容多直接采用专有名词，虽然难免会与笔者其他相关书籍有重复之处，但也不希望赘词太多。拖泥带水有违笔者的初衷。为了让读者容易理解，范例解说也偶尔采用非专业的比喻说明，若有失准之处，尚祈读者见谅。

本书是笔者之前相应出版物的修订，感谢读者过去给予的指正与友好协助。希望新书的错误更少，也感谢大家不吝指教。

景硕科技

林定皓

目　录

第 1 章　高密度互连电路板概述

第 2 章　微孔与高密度应用

第 3 章　HDI 板相关标准与设计参考

第 15 章　先进封装与系统封装

第 1 章

高密度互连电路板概述

1.1　高密度互连电路板的沿革

电路板以承载、连接为目的，因为电子元件的引脚高密度化，逐渐受到重视并广泛使用。增层电路板的概念自 1967 年以后就存在，但直到 1990 年 IBM 发布 SLC 技术后，微孔技术才逐渐实用化。在此之前，业内以全通孔板、多次压合结构提高布线密度。由于材料更新迅速，感光、热聚合介质材料的陆续上市，微孔技术成为高密度互连电路板的必要设计，且出现在多数便携式电子产品应用中。

线路层间的连接，除了电镀，也可使用导电膏结构。较知名的如松下发布的 ALIVH 及东芝发布的 B²IT，这些技术将电路板应用推向了高密度互连（High Density Interconnection，HDI）时代。

1.2　电子产业的进程

电子技术发展了仅约 70 年，从传统真空管转换到晶体管，一路发展成为当今全球最大产业集群。所有电子元件都必须经过组装与连接，才能构成完整功能单元，而设计、制造基础器件的工作，则被归类为电子封装产业。20 世纪中叶，电子产业初具规模，半导体密度有限，电路板需求与目前市场不可同日而语。本书并不尝试对过往技术做重述，有兴趣了解传统电路板技术的读者，可阅读笔者拙著《电路板技术与应用汇编》。后续内容将着眼于先进 HDI 产品的设计、制造与制程技术。

本章内容，以介绍基本的产品技术思路为主线，同时讨论采用 HDI 技术的优势及潜在挑战。重点放在布线设计分析、元件密度等方面，当然还会涉及电路板结构的选用、成本与性能等方面。系统封装将 HDI 定位为全系统互联技术，如图 1.1 所示。

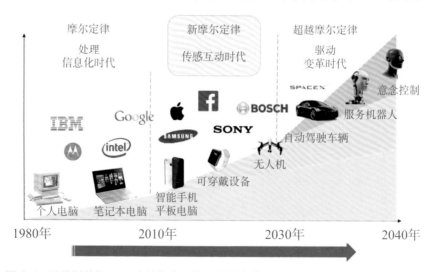

图 1.1　系统封装将 HDI 定位为全系统互连技术（来源：Yole Developpement）

半导体器件性能与密度持续提升，封装尺寸也持续紧缩，这些都需要提高电路板的互连密度。当业内大量导入球栅阵列（BGA）、芯片级封装（CSP）、板上芯片（CoB）、系统级封装（SiP）、三维封装等结构时，电路板技术必须寻求替代方案来提高密度。本书后续内容将简要陈述高密度互连电路板的定义、设计、电气性能、材料选用、制程技术、检验与测试及相关产品结构等。

1.3　何谓高密度互连电路板

电路板是以介质材料、导体线路形成的结构件。在制成最终产品前，会在其表面安装集成电路、晶体管、二极管、无源元件（电阻、电容、连接器等），也会搭配周边功能元件，由导线连通实现电子信号连接及各种功能。电路板是元件的连接平台，是承载、连接元件的基础。

由于电路板不是终端产品，因此，在名称定义上略为混乱。比如，个人电脑用的母板称为主板，而不能直接称为电路板——虽然主板中有电路板作为结构元素，但并不相同。因此两者虽有关联，却不能说相同。再比如，有 IC（集成电路）装载在电路板上，媒体就称它为 IC 板，但实质上它也不等同于电路板。

电子产品趋于小型化、多功能，IC 节距减小、信号传输速率提高、互连密度提高、线路长度局部缩短，这些都需要通过高密度线路及微孔技术实现。一般连线、跨接可以靠双面板完成，但要处理复杂信号及改善电气性能，电路板就一定会走向多层化。信号线不断增加，必须加入更多电源层、接地层，这些都促使多层电路板（Multilayer Printed Circuit Board，MPCB）普及。

有高频需求的产品，电路板必须提供特性阻抗控制、高频传输、抗电磁干扰（EMI）等功能，要采用带状线（stripline）、微带线（microstrip line）等结构，多层化是必由之路。为了提升信号传输质量，高端产品会采用低介电常数（D_k）、低损耗因数（D_f）介质材料。为配合电子元件封装的小型化、阵列化，电路板也在不断提高接点、布线密度。球栅阵列封装（Ball Grid Array，BGA）、芯片级封装（Chip Scale Package，CSP）、直接芯片安装（Direct Chip Attachment，DCA）等器件的发展，促使电路板达到了前所未有的高密度。

凡直径小于 150μm 的孔，被业内称为微孔（Micro Via）。利用微孔结构做出的电路板，可提高组装、空间利用等效益，也有利于电子产品小型化。这类电路板产品，业内曾有多个不同的称谓，例如：欧美业者依据制程采用顺序增层方式构建，而称产品为顺序增层（Sequence Build Up，SBU）板；而日本业者因为这类产品的孔比以往小，称产品为微孔工艺（Micro Via Process，MVP）板；也有人因为传统多层板称为 MLB（Multilayer Board），而称这类电路板为增层多层板（Build Up Multilayer，BUM）。

IPC[①] 基于避免混淆的目的，将各类高密度封装技术称为高密度互连（High Density Interconnection，HDI）。

[①] Institute of Printed Circuits，印制电路协会。现国际电子工业联接协会，Association Connecting Electronics Industries。

1.4　为何需要高密度互连电路板

传统电路板常被分为单面板、双面板和多层板，而多层板又有单次压合与多次压合之分。这些设计当然涉及电气性质及连接密度问题，但因为电子产品技术发展迅速，目前仍无法满足元件安装密度及电气需求。为了提高元件连接密度，从几何层面来看只有压缩线路与连接点的空间，才能在小空间内容纳更多接点，以提高连接密度。当然，也可将多个元件堆叠在同一位置，以提升封装密度。因此，高密度互连不单纯是一种电路板技术，也事关电子封装与组装。

所谓电子封装，是指芯片与载板的连接。而电子组装则是将 IC 封装完成的器件，再次安装在另一块电路板上的过程。SMT 元件端的连接点，一般称为外引线键合（Outer Lead Bond，OLB），是指元件外引脚连接部分。这部分与电子元件表面接点密度有直接关系。当电子产品功能整合性较高时，就有高密度化设计需求。

采用高密度互连设计可获得以下好处：

（1）相同的产品设计，可降低电路板层数，提高密度，降低成本。

（2）增加布线密度，以微孔、细线提升单位面积内的线路容纳量，可适应高密度组装需求。

（3）利用微孔互连，可缩短引脚距离，减少信号反射、线路间串扰，使元件拥有更好的电气性能及信号完整性。

（4）采用较薄的介质层结构，潜在电感较小。

（5）微孔有低的厚径比，信号传输的可靠性比一般通孔高。

（6）微孔技术可让载板设计缩短接地层、信号层间距，从而改善射频/电磁波/静电释放（RFI/EMI/ESD）干扰；并可增加接地线数目，防止元件因静电聚集造成瞬间放电损伤。

（7）微孔可让布线的弹性提高，使线路设计更简便。

流行的电子产品，不但要便携、省电，还要穿戴无负担、外观漂亮。当然，最重要的是便宜，能随流行更换。代表性的移动与可穿戴电子产品范例如图 1.2 所示。

图 1.2　移动与可穿戴电子产品

1.5　HDI 造就电路板变革

电路板是构建功能模块的基础。第二次世界大战后的电路板技术与电子元件发展，让电子、电气产品的生产可以通过一次回流焊完成大量连接，实现低成本量产与高可靠性，因此成了电子、电气产品的标准制造方法。当便携式电子产品需要轻、薄、短、小、廉价时，这些要求就成了选择产品制造技术的主要因素。

传统概念中，电路板的主要功能是承载与连接电子、电气、机械、功能元件。不过近些年来出现的电路板结构，再采用传统的电路板名称不足以体现这种差异，因此业界逐渐出现了各种新的电路板称谓。其实，各种电路板称谓，可依据不同结构、应用、材质、设计来理解，其间确实有多种变化。新一代产品的重要技术特性，应高密度组装结构而生。电路板本体仍以介质材料搭载导体结构的平面为主。

这种高密度趋势，迫使电路板设计与制造发展出各种连接方法，构建各类更小的电路板连接结构。较常见的是使用微孔，利用有限空间做精细线路布线。尤其是导入球栅阵列（Ball Grid Array，BGA）封装后，这类电路板结构的需求越来越强烈。而其特征尺寸单位也从传统电路板的密耳（mil①），逐步过渡到半导体业内常用的微米（μm）。

表面上看，高密度电路板似乎还是电路板产品，采用的生产设备也近似，但深究会发现细节有相当大的差异。因为制程技术上有不少项目必须调整，完全用传统设备和概念难以应对这种规格，业内也认定这是密度提升的技术革命。典型的技术挑战，用传统机械钻孔制作大量微孔必然有困难，随之必须调整的线路设计、材料系统，以及图形转移、金属化、测试、组装、检查等技术，都需要做大幅转换。

宽带、便携式电子产品的电气性能必须得到充分支持，这让技术有了多样性发展，整体技术复杂度也不断扩大、加深。以往单一电路板厂可应对的多样性产品生产模式，目前 HDI 电路厂都会以分厂、分线生产，不会如以往采用高度混合生产模式。

某些市场研究者认为近年的电路板技术演变没有新意。虽然 HDI 技术的发展确实不如初期那么快速，变动也多数偏向细枝末节，但可以确定的是演进仍在持续。不过，笔者不得不说，技术书籍的编写总是赶不上实际变化。IC 封装结构密度的提升，仍将驱使电路板朝更小、更密的方向发展，以应对快速提升的引脚密度。

1.6　互连的趋势

本书讨论的电路板互连技术，以高端电路板设计采用的 HDI 或增层为主。其主要受IC 技术的发展驱动，以 IC 封装需求的冲击最大。它会直接影响 IC 封装与微孔互连的设计，当然也会影响后续电子组装用的 HDI 技术。如手机用类载板（Substrate Like PCB，SLP），便将载板与一般电路板的界限拉得更近了。类载板级应用如图 1.3 所示。

---

① 1mil=10⁻³in=2.54×10⁻⁵m。

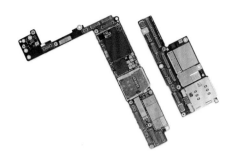

图 1.3   智能手机的主板（https://www.kocpc.com.tw）

1.6.1   电子封装与互连的搭配

电路板技术支持高端电子封装与互连的应用，必须导入新技术制作 IC 封装载板与 HDI 板。典型 IC 封装与一般电路板的主要形式见表 1.1。

表 1.1   典型 IC 封装与一般电路板的主要形式

IC 封装	电路板
周边引脚	单双面板
塑料球栅阵列（PBGA）与陶瓷球栅阵列（CBGA）封装	多层板
倒装芯片球栅阵列（FCBGA）封装	挠性板与刚挠结合板
键合与倒装芯片的芯片级封装	增层多层板

1.6.2   IC 技术的发展趋势

IC 技术一直是电子产业的驱动力，其自 20 世纪 60 年代以来的发展趋势如下：

◎ 栅极尺寸缩小——目前先进的量产技术已经达到 10nm 以下

◎ 芯片尺寸缩小——把握各种"芯片缩小"的机会

◎ 降低电压——需要控制功耗

◎ 较高的栅极集成度——目前单芯片可集成数十亿个晶体管

◎ 较短的信号上升时间——较高的频率

其中最受关注的是复杂球栅阵列（BGA）封装发展，它的特性变化对结构的影响见表 1.2。

表 1.2   BGA 封装的特性变化对结构的影响

特 性	影 响
较短信号上升时间	较小封装→较小节距
较高栅极集成度	较高引脚数→较小节距
较短信号上升时间、低电压	较小噪声容限→较小封装→较小节距
较短信号上升时间	对电感、电容敏感→薄封装→低 D_k→较短信号信道→较小封装
较低成本	较小封装

续表 1.2

特　性	影　响
对电容、电感较敏感	排除引脚与球体→采用小节距的 LGA 封装
较高引脚数与较小节距	阵列封装

1.6.3　IC 封装结构的变化

随着 IC 技术的发展，封装从低引脚数的周边引脚导线架结构向阵列式高引脚数结构转变，如图 1.4 所示。

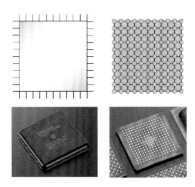

图 1.4　周边引脚结构转向阵列引脚结构

IC 芯片特征尺寸与键合焊盘尺寸持续缩小，结果是封装节距由 1.0mm、0.8mm、0.65mm 下延到 0.4 ~ 0.5mm。其中，许多封装目前已经转变为倒装芯片阵列结构，不再使用周边引脚与引线键合的结构，其变化趋势如图 1.5 所示。

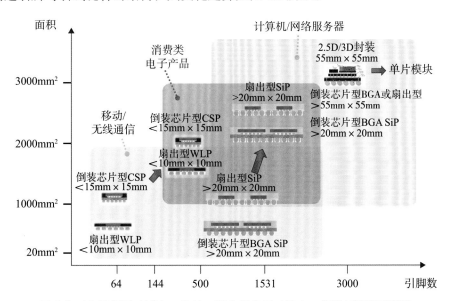

图 1.5　IC 特征尺寸减小，芯片、键合焊盘尺寸缩小，塑料封装高引脚数且节距下降到 0.4mm 或者更小（来源：Renesas）

1.6.4   传统多层板转向 HDI 板

各种封装的节距从 1.27mm 发展到 0.08mm，已经超越将元件安装到一般电路板的设计规则。球栅阵列封装的最大节距是 0.8mm，0.65 ~ 0.25mm 节距属于芯片级封装（CSP），0.25mm 以下节距属于直接芯片安装（DCA）的范畴。

传统多层板发展已近 60 年，虽然设计规则有差异，但变化不大。若观察 20 世纪 70 年代的惠普台式计算机用的 16 层板，看到的还是 0.15mm 线宽 / 线距的设计。当时的内存 IC 的栅极相当少，需要的封装技术与电路板结构当然简单，与今日的便携式电子产品不可同日而语。

传统多层板开始转用 HDI 技术有以下诸多原因：

◎ 过去数十年间的电路板技术没有明显变化
◎ 传统设计仍然保持单纯的信号、电源、接地结构设计
◎ 线宽、线距、孔径变小，但是变化仍然有限
◎ FR-4 仍然是主要的介质材料
◎ 过去 IC 对通孔电容、电感的敏感度不高，但未来会提高
◎ 高性能、大批量、成本敏感的市场（消费性产品、通信产品、汽车产品）开始抛弃多层结构，转向 HDI
◎ 亚太地区厂商有近 20 年生产经验，可支持 HDI 需求
◎ 电子元件商的新产品已经开始依赖 HDI
◎ 与 HDI 相比，传统技术会降低产品功能性、增加整体成本

1.7   HDI 多层板的舞台

HDI 板是庞大且成长快速的电路板应用，它至少构建了四个不同领域的技术舞台：载板与转接板（interposer）、功能模块、便携式产品、高性能产品。

载板与转接板被用于倒装芯片或键合。微孔设计有利于在极高密度的倒装芯片区域构建出阵列引脚。介质材料是高性能的工程材料膜，其典型应用范例如图 1.6 所示。

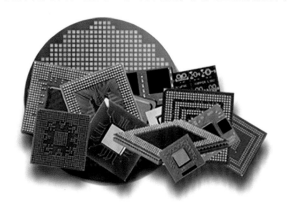

图 1.6   倒装芯片载板封装（来源：http://www.statschippac.com）

功能模块采用的是小载板，可用于 IC 键合、倒装芯片封装或载带自动键合（TAB），或者用来制作细节距的 CSP。典型的分立元件非常小，如 0201、0101、01005 等（可做埋入式设计）。这类产品的设计规则，一般要比 IC 载板宽松。便携式与小型化的消费性产品，使用的 HDI 技术较先进。它们的细密设计可让产品制作成较小外形，且有相当小的特征尺寸——这当然包括可制作高密度倒装芯片结构的产品。典型产品（手机模块）范例如图 1.7 所示。

图 1.7　Note-8 主板模块化设计（来源：http://tech.fanpiece.com）

高性能产品具有高层数、高引脚数、小节距器件，但并非所有产品都必须用埋盲孔板。微孔可用来搭配制作需配置高密度线路或扇出线的 HDI 板，特别是具有高引脚数的高密度载板，如微型球栅阵列（Micro BGA）封装。采用的材料有涂树脂铜箔、增强材料粘结片与芯板、高性能基材等。

另一个可发挥 HDI 技术的舞台，是埋入式元件技术——采用平面线路技术或分立元件植入技术都可以。图 1.8 所示是利用 HDI 技术搭配埋入式元件的范例。

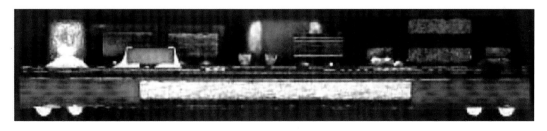

图 1.8　典型的搭配埋入式元件的 HDI 技术（来源：http://www.ksg.de）

1.8   HDI 的机会与驱动力

设计新产品时，HDI 技术可发挥高密度优势，同时带来良好的电气性能。采用 HDI 技术可平衡各种得失，满足严谨的开发时间要求，实现目标性能，控制成本，有利于产品快速成功开发。导入 HDI 技术有五种重要技术贡献：线路布设、元件选用、材料选用、产品设计与制造。这些是许多专家评估产品优劣的重要指标。

1.8.1   性能的改善

当电路板性能需要改善时，HDI 是重要的辅助技术。除了让电路板做得更小、更轻、更薄，还能让产品具有优异的电气性能。可改善的性能如下：

◎ 较低的导通孔寄生噪声
◎ 让连接孔与线路分支结构最小化
◎ 有稳定的电压通路
◎ 可去除不必要的去耦电容
◎ 较低的串扰与噪声
◎ 射频 / 电磁干扰（RFI/EMI）低许多
◎ 较近的接地平面，较小的分布电容
◎ 表面接地平面搭配盘中孔结构，可阻绝辐射作用

IC 用更小栅极结构让信号传输速率提升，使其不仅可用于高频，也压缩了信号上升时间。随之而来的结果是发热量的增大与工作电源电压的降低。所有的特性改变，都增加了线路对各种噪声、信号损失的敏感度。较新的高性能材料，有较高耐热性能（可承受无铅焊接），可解决这类问题，同时能改善微孔制程与高频性能。

在材料与结构用于产品前，利用 HDI 测试样本来验证与达成工程目标，是有效的办法。可用它来测试电气性能、信号集成、堆叠结构等的表现。

相较于传统的通孔，微孔的寄生噪声几乎只有其 1/10。微孔结构适用于低电感设计，搭配去耦电容、盘中孔设计，可实现低噪声，适应高速、低电压设计。业内对这类结构的相关研究相当多，已经证明使用适当 HDI 结构的效益相当高（业内常用 AnSoft 软件做产品仿真）。

1.8.2   导入先进元件

IC 产业是电子技术的先行者。采用较小晶体管栅极、集成大量元件，可实现更多功能。以较大尺寸晶片生产，可有效降低芯片单价，使得整体电子产业规模不断成长。

当 IC 开始采用 1.0mm 节距的阵列封装后，就逐渐看到了 HDI 技术的好处与必要性；而开始使用 0.8mm 节距的元件后，HDI 的优势就更显著了。盲孔节省了内层与孔的焊盘空间，也能用于盘中孔设计。如今这类元件成熟度已相当高，各种引脚数封装纷纷问世，传统专用集成电路（ASIC）大厂也采用相关设计。Actel、Infineon、Xilinx、Altera 等公司的高引脚数封装都陆续采用了这类技术，典型应用范例如图 1.9 所示。

图 1.9　采用 HDI 技术制作的现场可编程门阵列（FPGA）器件封装载板：采用通孔技术时可能需要 20 层，但采用 HDI 技术只需要 60% 左右的层数（来源：http://en.wikipedia.org; http://eandt.theiet.org）

1.8.3　产品进入市场的时间加快

采用盲孔、盘中孔结构，方便了电子元件的配置，也让产品进入市场的时间缩短。又因为占用空间小，产品设计的空间效率增加，让 BGA 应用性提升并加大布线弹性，使得设计软件的自动布线功能较容易发挥。

系统设计因为采用盲孔、埋孔设计而让电气性能提升，可大幅缩短系统设计的调整时间。因为信号集成与噪声缩减的工作量大幅减少，可减少重新设计。

1.8.4　可靠性的改善

IPC-ITRI 在 20 世纪 90 年代后期对微孔结构可靠性做了测试，同时有相关机构研究发表了盲孔优于通孔的报告。其实道理简单：盲孔的厚径比多数小于 1:1，传统通孔动不动就到达 4:1 ~ 20:1，差距相当大。

采用薄介质层的低 Z 轴膨胀率材料，是 HDI 技术的特色。HDI 材料相当多样，因此 IPC 尝试进行了整理与规范，有 IPC-4104A 可供参考。正确钻出盲孔并电镀，可获得比传统通孔高出数倍的寿命。薄 HDI 材料的热传导能力也较好，这在 IPC 的 HDI 设计标准 IPC-2226 中也有提到。

1.8.5　较低的成本

在正确执行产品计划的前提下，HDI 多层结构比传统通孔结构的成本低。一般电路板厂家较看重产品单位面积的制作成本，但对于系统厂家来说，降低电路板层数、提升系统速度、调整阻抗表现、缩小元件面积都很重要，并不能只关注单位面积的制作成本。

1.9　HDI 技术的执行障碍

HDI 技术面临着几个可能的困境，让使用这种技术面对风险。

1.9.1　可预测性

HDI 堆叠结构、钻孔数量与价位，客户在开始做项目设计时就必须概略知道。制造商通常必须在产品结构设计完成后才能报价，前段工作时几乎没有相关数据可参考，这让设计与客户都如同盲人摸象。若对 HDI 板微孔概念的认知不清，就无法做出正确的设计而导致浪费。这些问题正在逐渐改进中，积累一定经验后就可做某种程度的预估。

1.9.2　设计模型

若有精准的布线模型，将基本元件数据、几何关系与电路板尺寸导入，产生堆叠结构与设计规则分析，就可概略知道产品性能。目前只有少数较有规模的制造商具有这种仿真最终产品的技术能力。

HDI 板已逐渐普及，可用的计算机辅助工具逐渐成熟。因此，若能多了解 HDI 板的特质，就有机会做出不错的设计。新产品设计必须规划堆叠结构、布线通道与大区域布线规则，小区域布局或许会比较简单。但复杂产品的规划不能只靠简单的计算机辅助工具。

1.9.3　信号完整性

要使用 HDI 结构，就必须理解它能带来的电气性能改善，否则对于用惯传统电路板的设计者，恐怕仍然倾向于采用通孔设计。

1.9.4　批量生产

多数批量生产 HDI 板的制造商，会专注于移动电话与消费性产品。不过，要更广泛介入新产品，制造商也要留意小量需求的 HDI 产品。

1.9.5　新材料

HDI 技术导入了不少新材料，有些以往使用者并不熟悉，如涂树脂铜箔、真空压合介质层等。基材特性对电气性能越来越重要，低介质损耗与低介电常数都是关键。高耐热性是无铅制程的必要条件，新基材需要较高的材料分解温度（T_d）——就是质量损失达 5% 时的温度，可用热重分析（thermal gravimetric analyze，TGA）仪测量，使用 ASTM D3850 规范的测试方法。其实，就算材料仅出现 2% ~ 3% 的质量损失，多次热循环后还是会出现严重的可靠性降低。

其他重要的基材特性，还包括均匀玻璃布增强有利于激光加工，薄的玻璃布有利于电气特性，薄的高介电常数材料可在电源与接地平面之间产生较高的电容，增加额外基材可制作埋入式无源元件层等。

1.9.6　组装的问题

许多组装人员不习惯盘中孔结构，且认为这种结构会分摊掉接点焊锡量，其实薄板、微孔占用锡膏量可能只有 1% ~ 3%。强迫电路板设计全填孔结构有时没有必要，这可能会使电路板制作成本增加一成以上。若将"狗骨"布局用在 HDI 板上，则会占用不少面积，且会增大线路电感（约 25nH/in[①]）。这些结构的选用，会直接影响组装的顺畅性与产品成本、性能。图 1.10 所示为未填孔与全填孔的切片图，平缓微凹应该也可接受。

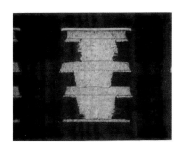

图 1.10　填孔电镀产生平整孔有利于组装与堆叠

1.9.7　组装测试

使用盘中孔、盲孔，电路板背面就没有通孔测试点可用：密度高，几乎没有空间容纳 50mil 测试焊盘。缩小测试点尺寸的接近能力是 HDI 技术的关键，有不少高密度测试工具及方法可用，但实际上测试产品有困难。可测试性设计（DFT）可由测试工程师与设计者共同规划：预测可能的故障状况，制定测试策略，了解故障范畴，并在电路板布局 / 布线设计前权衡测试点接近的规划。

这对于批量生产相当重要，因为涉及大笔测试费用。某些软件可预测每个引脚、元件、板面可能的故障类型，这样就可规划覆盖性最佳的测试模式。列出必要的测试焊盘，提供最佳测试覆盖率与顺序，有利于设计者在有限的板面接近点下有效地决定测试方法。

1.9.8　设计与成本的预估需要模型

要有效使用 HDI 技术设计电路板，必须关注诸多堆叠结构变化、孔结构与设计规则。目前从经验得到的预估方法，让设计可依据计划选择最佳的堆叠结构。设计采用的最小孔径、孔环、线宽等，对产出良率影响明显，材料厚度、堆叠结构、总孔数、孔密度等还会对成本产生影响。其他因素如最终表面处理、填孔、允许公差等，也都会影响成本。

1.9.9　设计工具——CAD

HDI 板设计的电子设计自动化（EDA）工具虽然发展较慢，但目前已有不少成熟产品，且功能也随需求进步，不过价格较高，较困扰小型设计公司。与传统通孔自动化设计工具相比，重要差异与增加的功能如下：

◎ 盲微孔的交错（邻接）结构、堆叠（正对）与埋入结构

◎ 任意层与对称层堆叠结构

---

① 1in=2.54cm。

◎ 盲孔 / 埋孔间距问题

◎ 盘中孔结构可让元件贴装在其上

◎ 布线转角角度多元化

◎ BGA 扇出布线自动化

◎ 孔位与元件线路配置灵活

◎ 孔出现推挤与移位

◎ 针对盲孔 / 埋孔需求，有自动布线优化功能

◎ 与电、热和 FPGA 模拟工具连接

◎ 具有 HDI 结构的设计规准检查系统

◎ 在元件配置区有局部区域的规则

对于 HDI 设计，BGA 扇出布局复杂度与之后进入布线通道的状态改善，是较受到关注的部分。

1.9.10　电气性能与信号完整性

相邻信号、电源整合、HDI 布局工具可支持进一步的 HDI 设计，让设计结构具有优异电气性能。面对需要更短上升时间的先进 IC，以往被忽视的载板寄生噪声等都需列入考虑。这些寄生噪声包括电源 / 接地平面的电容与电感、封装的电容与电感、电路板的影响等。连接器的电容与电感、背板或电缆的电容与电感、电路板间衔接的电容电感也都要列入考虑。

孔在高速网络中的电气性能影响也不能忽视，通孔具有较高的电容、电感等寄生噪声，可能会明显干扰信号。通孔结构的寄生噪声几乎在微孔的 10 倍以上。

1.10　HDI 工作程序

HDI 系统是电子封装技术发展中成长最快的部分，整体状况并不能简单地描述清楚，而是需要搭配工程研究，考虑 HDI 可以给产品带来的价值等——有业内人士把它称为 HDI 工作程序，它包括六个部分：

◎ 系统分区

◎ 外观设计

◎ 电路板设计

◎ 电路板制造

◎ 电路板组装

◎ 组装测试

这些技术的明确有序呈现，是成功执行 HDI 技术的基础。成功整合 HDI 技术，可改善产品性能，让价格更有竞争力，也可让新产品有革命性改变。

1.10.1 系统分区

启动新产品开发时，首先应该将整个产品分解为元件级，或者分割成可做设计的模块，再做设计、制造、销售与支持维护。这个工作相当重要，发生错误会导致产品没有恰当的外观结构、成本过高、上市太慢等。一般系统分区法多变，但不外乎尺寸、质量、体积、功能等。当然，也包括标准的有源/无源元件分配或通用 ASIC、元件封装、电路板数量与尺寸、类型等，延伸议题还包括如何做模块连接。

HDI 技术要在初期就全面考虑，才能取得更多优势。越晚考虑，设计优势越小，还可能因牵绊而无法发挥优势。外观结构、元件、风险控管、可制造性都必须衡量，以确实把握产品的成功率。

1.10.2 外观/产品设计

宏观产品的构建与设计，包括逻辑设计、线路仿真、元件选用、通用 IC 选用、机械设计等，HDI 有电气与热管理方面的优势。其关键价值是有能力改善产品的电气与热特性，这些是传统通孔结构无法做到的。

1.10.3 电路板设计/布局

HDI 设计面对许多挑战，了解布线才能正确选择设计规则与结构。有盲孔、埋孔的 HDI 结构，比传统电路板的变化多且复杂，了解不同设计对制造产生的影响，是设计者的基本功课。特殊设计规则必须与 HDI 结构一并考虑，特殊制程要考虑定出极限。不同设计的设计工具、焊盘堆叠、自动布线等不同。固定设计模式到目前仍不是 HDI 板的设计常态。较新的 CAD 软件有专家系统，会提供较多元件信息，辅助设计。监控可制造性的软件，在布局过程中会检查各种设计问题，避免过程出现错误。

1.10.4 电路板制造

整个工作程序中，制程对成果的影响最大。目前，全球有百家以上的厂商，使用多种不同的制程制作 HDI 板。因为这些年激光、感光介质相关技术有明显进步，制作微孔相对简单。而较具有挑战性的工作，仍是基本的对位、细线路技术、金属化、电镀等。在 HDI 应用方面，这些技术都必须达到一定水平。不过，评判标准随产品而变，厂商所有相关技术的养成都有利于制造能力提升。

在 HDI 制造方面，电气测试技术落后较为明显，多数公司都可有效制作出更精细的线路，但要进行有效测试，就要必须付出相当昂贵的代价。

1.10.5 电路板组装

HDI 板上配置的元件更接近，这会影响回流焊温度曲线与修补。当电路板的一面填满元件，另一面也可纳入不少元件时，组装程序与回流焊温度曲线都需要调整。面对新、小、密的面阵列器件，如芯片级封装或倒装芯片器件，单位面积内的引脚数会出现惊人增长。

这些新型器件，结合底部填充材料或非常高的表面连接密度，用于较薄 HDI 板时可能会影响产品可靠性。较薄的结构在热循环中会较软，这可能会产生不同的故障机理与风险。这些问题需要彻底评估与测试。

1.10.6   组装测试

HDI 板制造的最终步骤是组装测试，这方面在导入高密度面阵列器件后易出现问题。使用盘中孔结构时，搭配面阵列器件组装后就没有连接孔可测试端子连接。这时提早介入系统设计并进行可测试性设计就相当有价值。这类测试可以通过周边、接口扫描，或依赖植入自我测试结构的设计来实现。

多数高密度元件测试焊盘，不是太小就是没空间布设测试探针。而在电路板设计完成后，再增加测试焊盘到板面会增加复杂度与成本，且会带来不必要的寄生噪声。较新的组装测试法，能开发出不需要传统针床、夹具的测试模式，而业者会更期待快速的非接触式测试技术。

1.11   HDI 技术基础

1.11.1   互连密度

做 HDI 设计规划时，要审视以下三个评估指标。

▍组装复杂度

有两个指标可评估表面贴装元件的复杂度：元件密度（CD），可用单位面积内的元件数来表示；组装密度（AD），可用单位面积内的引脚数来表示。两者的值越大，表示复杂度越高。

▍IC 封装

元件复杂度（CC）是另一个指标，可用单个元件的平均引脚数（I/O）来衡量。其类似指标是引脚节距。

▍电路板密度

HDI 板复杂度，可用单位面积上的线路长度表示，包括所有信号层。

作为另一种指标，也可用单位长度内布设的线路数表达。焊盘、连接孔、线路都必须布设在有限区域内，若继续采用传统通孔结构设计，则必然会出现障碍。

1.11.2   封装技术路线图

图 1.11 所示为 ITRI 于 2017 年发表的封装技术路线图。依据产品分类，分析封装技术的变动，就可推演出电路板的技术路线图。对于系统商制作的这类技术路线图，载板厂家要特别注意图的右半部分，将这些部分对应的 HDI 板结构找出来，可用来对照目前技术欠缺的内容。

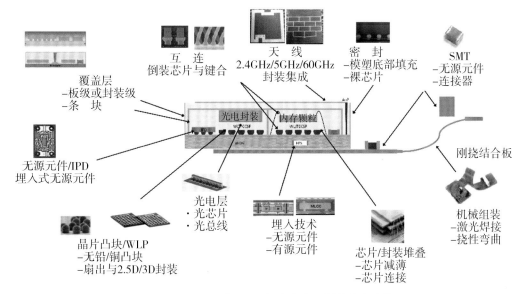

图 1.11　2017 年 ITRI 提出的电子封装技术路线图

1.11.3　HDI 板的布局

常被列入考虑的三个布局评价指标如下：

（1）布局效率：评估层内最大可布设线路量与实际布设量的百分比。

（2）布线能力：判定在可用空间下布设线路的难度（依据既定设计规则）。

（3）布线密度：层内单位面积内的线路长度。

依据上述考虑信息，就可以掌握产品应用 HDI 技术的优劣与可行性。

1.12　开始使用 HDI 技术

考虑使用 HDI 技术做设计，笔者有四个方面的建议：

◎ HDI 技术培训

◎ 测试样板评估

◎ 重新设计现有通孔板

◎ 新产品投入

首先熟悉 HDI 板相关技术并确认合作制造商，他们的制程能力是关键因素。建议参考 IPC 基础数据，该标准化数据可涵盖 2 ~ 24 层设计，同时有较完整的电气测试计划与考虑（包括热循环）。虽然许多设计早已超出这些规范，但可以把它当作进入 HDI 技术领域的敲门砖。

若对设计规则、电气性能或可靠性有质疑，则应该考虑制作简单的测试板。要建立 HDI 设计规则与方法，可先练习将现有通孔产品重新设计。之后以这些背景与经验为基础，就较容易适当采用 HDI 设计。

▌ HDI 技术培训

实际应用 HDI 技术，有相当多的技术细节要了解，笔者也期待本书能提供协助。电路板制造商必须投入资源，并定义自己的 HDI 板制程能力，准备接受客户的设计委托。为了让产品顺利生产，制造商提供有利的生产信息，会对 HDI 设计或堆叠规划有帮助。

▌ 测试样板评估

电路板供应商可能不熟悉设计所选用的材料，因此需要做部分新材料的测试，用耐高温或高性能材料时更是如此。这是测试高频性能、信号完整性的好时机，可靠性可依厂商选用的堆叠结构与材料来测试。

▌ 重新设计现有通孔板

选择可行的既有产品，以 HDI 板概念重新设计，可能的话还要做组装、性能验证、线路测试和其他项目验证。当然，也可用模拟工具验证，不必做实物。但是，若元件没有太大变动，样本制作、组装测试有助于理解。HDI 结构的最大价值是能发挥第二面的元件安装优势，尤其是 BGA 布局的扇出与布线空间、堆叠变动等项目，值得评估。要获得额外空间、布线优势，可在过程中调整设计并观察效果。

▌ 新产品投入

一旦 HDI 设计问题被解决，设计工具也已完整规划并完成了供应商认证，HDI 技术养成应该就有了基础。此时，厂商就可以尝试实际产品的设计与应用。

第 2 章

微孔与高密度应用

20 世纪 80 年代与 90 年代之交，电子市场变化明显。半导体技术进步引起数码革命，个人化计算工具让用户有更高功能整合度，产品设计逐渐走向手持、便携。传统设备如相机，也加入了许多电子功能。便携、弹性、遥控等功能相当吸引人，不过高产品自由度首先考虑的是质量与尺寸。这就要求设计者寻找减小设备质量的方法，并将外形设计得便携、美观。

20 世纪 70 年代后期，随着表面贴装技术（SMT）的导入，插孔式元件被快速取代。SMT 没有大通孔插件需求，减小了元件的组装面积。不过，SMT 应用的扩张让电路板设计面对挑战：较小通孔的互连增加了钻孔成本与电镀问题。尽管较小的元件提高了组装密度，但也对布线构成挑战，迫使某些电路板提高设计层数。

面阵列封装的导入让设计复杂度得以提高，BGA 方便更大量的小节距引脚设计，因此可应对高引脚数的元件封装。CSP 提供了最小封装外形，同时可增加板面焊点密度，也迫使电路板设计必须走向高密度互连。

电路板层数提高、孔径缩小，成本也跟着提高。工程师一面想与趋势对抗，同时又必须提供更小、更轻的电路板方案。理论上可采取的方案有提高互连密度、降低设计层数与厚度，同时尽可能降低钻孔负担，这些都需导入微孔技术来解决。

2.1　电路板结构的改变

用金属制作独立的线路层时，层间的纵向连接不可或缺。为了产生层间连接，必须制作层间通路。钻孔形成通路是电路板制作中普遍使用的方法。钻孔后做孔金属化处理，才能完成层间电气与信号的连接。自从镀覆孔技术被提出后，几乎所有多层板都以此法生产。当然，也有利用导电膏填充等不同方法的导通技术，本书后续内容会做说明。

镀覆孔用于多层电路板已有数十年，除了用于制作插接元件孔及固定工具孔，还用于制作其他孔（都归类为导通孔）。中文名称的区别不明显，但英文名称将插件和工具用孔称为"hole"，有较明确的孔的意思；纯导通用孔则称为"via"，有经过某处到另一处的意思，有纯为通路之意。

高密度互连电路板制造一般采用增层法，以机械、激光或感光在介电材料上形成微孔，再以电镀做出电气与信号的通路。微孔结构只占用部分金属层位置，其他层间位置仍然可发挥导通功能，这不但提升了电气性能，也明显提升了连接密度。当电路板密度提高时，"via"会越来越多，"hole"会越来越少；表面贴装器件（SMD）会越来越多，双列直插式封装（DIP）器件会越来越少。这样，线路就可更密，引脚密度也得以提升，相同功能元件占用的面积会更小。

日本先进电子厂商为手持式产品做了指标性定义：必须可放在前胸口袋中，且感觉不到负担。按这个标准估算，总厚度应该以不超过 5mm 为宜。目前多数电子产品都有声光、通信、上网等需求，还要搭配大型显示器及周边功能，而电路板的可用空间被压缩，这就迫使所有元件都必须控制厚度。不但许多电子产品用 HDI 板作为连接母板，而且电子封装也在朝堆叠方向发展，以节约厚度与空间占用率，使得电路板发展不再独立于电子封装之外，各种不同的模块也都依赖高密度封装载板来实现。

电路板走向高密度后，从几何结构方面看会有几个基本的特性变化。其一是孔的堆叠会发生变化：孔的立体结构会从传统的纯通孔变成顺序层压结构，再变成微孔高密度互连或混合结构。更新的做法是将部分元件埋入电路板而形成立体结构，其发展趋势如图 2.1 所示。

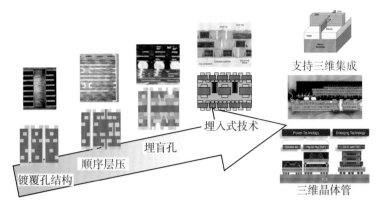

图 2.1　电路板结构的发展趋势

从几何结构上很容易了解，传统电路板若在某坐标制作通孔结构，即便只连接两层线路，实质上孔已经占用一个位置，不但浪费空间，而且无法在该位置做 SMT 组装。但采用顺序层压，同一个位置就可做出两个以上连通，空间利用有明显改善。但这种做法必须面对薄板制程的考验，实际应用方面仍不理想。

至于 HDI 技术，以盲孔结构搭配有效的微孔技术，既可提高连接密度，又不必承受薄板制程的困扰。组装也因为可直接在盲孔上焊接引脚，能省下相当多的几何空间，使 HDI 板在电子产品设计时有较大的发挥空间。出于电气性能及设计弹性需要，多数手持式产品已经采用全堆叠盲孔设计。又为了缩小尺寸和提升带宽，开始导入埋入式技术，HDI 板正式进入立体时代。

2.2　微孔技术的起源

有需求就会有人想办法来满足。1991 年，IBM 的 Yasu 工厂就提出微孔技术，用于 ThinkPad 笔记本电脑的制造。其后的六年间，主要笔记本电脑公司都尝试以微孔设计追赶这类产品。例如，富士通公司生产的 FMV- BIBLO NPV 16D 小型笔记本电脑，也使用多芯片模块封装产品，且使用范围不止于母板。多年后，多数新的电子产品设计也都使用这类微孔结构。

微孔技术逐渐在各应用领域发展，尤其是日本领先了发展，在数码相机与摄像机制造方面有很大的优势。索尼在 1996 年发布的一款摄像机，混用了微孔与芯片级封装（CSP）技术。日本胜利公司（JVC）与松下紧随其后。夏普也导入微孔技术制作微型数码相机，其 PCMCIA 卡及掌上电脑也采用了这类技术。而微孔技术也被应用在导航系统、汽车部件、大型储存系统等。

几乎所有的先进电子产品都采用了这种技术，制造商也认同这种结构的制作能力，目前有丰富经验的厂商已为数不少。这些年，设计工具逐渐发展完备，多数设计都可以在大型原始设备制造商（OEM）那里实现。不过这类产品的重点仍是成本，早期业者相信微孔可让产品制作成本变低，但这只能逐步实现。

HDI 板的材料比传统电路板的贵。激光钻机在早期不够普及且昂贵，但现在普及率已经相当高，已成为标准的生产设备。此外，HDI 板需要顺序层压，加长流程，使良率提升。不过，若设计者减小尺寸或层数，则其单位成本仍可实质降低，也有可能让良率提升。新技术都需要通过量产来降低成本，让厂商有动机建设必要设施，该规则对微孔技术也同样适用。移动电话的诞生，让这类技术找到了发挥的舞台，而便携式产品更让这类技术发扬光大。

20 世纪 90 年代，大家竞相尝试减小手机的质量。1992 年，典型移动电话的质量在 220 ~ 250g。1998 年，质量减小到了约 70g。持续减小质量与增加功能的需求，使所有元件都必须压缩。要满足减小质量的要求，电路板当然必须用更薄、更小的微孔技术来制作，以应对较高的 IC 封装。图 2.2 所示为摩托罗拉车载移动电话与手机的显著对比。

图 2.2　移动电话尺寸对比

芯片集成度的提高有利于提供更多功能，而导入芯片级封装（CSP）与微孔技术可实现微型化。研究显示，元件的贴装面积会以每年 10% 的速度缩减，这个假设并不包含每年提升的互连密度。由于需求快速变动，移动电话成为关键平台，驱动整个产业结构的变化，促使新材料快速发展并持续改善良率。

微孔技术提升，让芯片封装载板的实用性提高。随着这类载板从陶瓷材料转成塑料，不少电路板厂商开始生产这类产品。因为基材有较低的介电常数与信号延迟，提供了较好的电气性能。于是，现成的电路板产能，顺理成章被用到芯片封装载板生产了。

半导体器件遵循摩尔定律发展，单位面积内的晶体管数每 18 个月至两年增加一倍。倒装芯片技术提供了高引脚数方案——面阵列。基材搭配 HDI 或微孔结构，可让设计者发挥塑料封装载板的优势。

工作站、网络、通信系统使用 ASIC 设计，需要搭配数千个小节距引脚封装。富士通、IBM、LSILogic、松下、NEC 与东芝，都是率先用微孔塑料载板制作高引脚数产品的公司。早期的设计，引脚数为 500 ~ 1700，载板为单面增层 1 ~ 3 层的结构。这类载板早期以 25 ~ 50μm 线宽／线距的设计规则生产，目前较先进的产品已经推进到 10μm 以下的水平。

高端 ASIC 封装促使业者采用 HDI 载板，这类应用以细线路与多层微孔结构来避免区域布线拥挤的问题。不过，这种应用只占整体载板总量的一小部分，微处理器与其他芯片封装产品才是这类载板市场的主力。英特尔于 1998 年以前就已经开始采用塑料载板封装，即俗称的"黑金刚"。1998 年是一个分水岭，英特尔开始推出 PentiumII 倒装芯片封装版本，此后微处理器制作开始以倒装芯片塑料载板为主流。图 2.3 为英特尔微处理器封装。英特尔的倒装芯片载板，初期采用感光成孔技术制作，之后也转向了激光成孔技术。

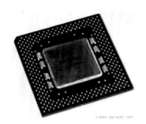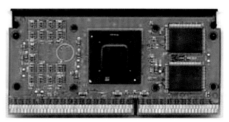

图 2.3　英特尔微处理器

英特尔微处理器与移动电话需求提供了强烈诱因，让电路板制造商、材料商、设备商都在制程、设计、产出、良率上做出改进，微孔与 HDI 技术成为主要解决方案，这是技术导入的初期情况。

HDI 板与芯片封装载板都已有 20 年发展历史。在此期间，IPC 提出：只要用微孔结构互连并使用盲孔直径 150μm 或更小结构做的电路板，就可称为 HDI 板。成孔技术包括等离子体、感光、机械或激光等。有业者则认为，只要是孔径小于 250μm 电路板，就该列入 HDI 板。以 IPC 规范为基准，整体微孔市场从初期低于百万美元的规模，已经发展到现在超过两百亿美元。而目前有能力制作相关产品的厂商已有上百家。

以微孔结构提升电路板在移动电话与 IC 封装中的性能，几乎是目前所有相关产品的选择。日本在这方面投入的技术与资本仍然最多，为目前全球封装载板生产的重镇。不过，中国、韩国及东南亚国家也在逐年进步，目前除了基材、光致抗蚀剂还在一定程度上依赖日本厂商，产业规模已经逐渐拉近。

2.3　HDI 板应用概述

微孔技术在发展初期，不过是提升电路板连接密度的工具。率先投入者不仅学会了设计，也确认了它的结构可靠性。自此有不断的技术进展，盲孔与增层的应用开始增多，业内开始大量使用埋孔、填孔、堆叠孔等结构，增加垂直方向的互连密度。技术需求因设计变化而不同，不同应用市场必然会看到差异性设计。扩大原始"微孔"概念的范围，可让高密度互连有更多表现，并可依据应用做调整。基于这个观点，高密度互连技术的市场持续扩大。

移动电话与高端载板应用，仍是 HDI 技术的主要舞台。2000 年的手机销量大约只 4 亿部，而 2010 年的销量已经接近 15 亿部。图 2.4 所示为传统功能手机的主板。

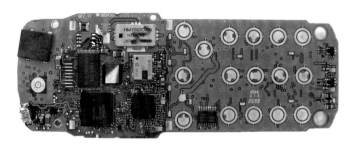

图 2.4   传统功能手机的主板

　　尽管手机用电路板的尺寸已大幅压缩，但新型智能手机的设计复杂度明显提高，增加了 HDI 难度，并缩小了外观特征尺寸。目前可以看到许多智能手机的新设计中微型 BGA 封装明显增多了。且为了应对更多元化的产品需求，模块、堆叠封装及节距也明显缩小了，封装引脚数也快速增长。图 2.5 所示为 iPhone X 的拆解图。

　　便携式智能电子产品设计逐渐一致化，领导厂商采用的元件设计与大结构都趋于一致，表面功能性上其实差异性不大。虽然产品精致度有差异，但粗略观看不易发现。而智能型便携式产品的关键零部件，其供应商有集中化趋势：知名厂商供应的元件会出现在各家的重要手机产品上。这种集中化趋势，让领导厂商的设计成为整体产业遵循的规则。

图 2.5   iPhone X 的拆解图（来源：https://qooah.com）

　　使用 0.5mm 以下节距的 BGA 封装、PoP 模块封装等，都会提升设计的复杂度。因此，电路板的焊盘密度必须提高。以往每平方英寸 200 个焊盘的设计密度早已是历史，现在每平方英寸超过 1000 个焊盘的封装比比皆是。大量应用盲孔、埋孔已是便携式电子产品的关键。苹果公司领导的超薄设计，不断有厂商尝试超越，现在的产品竞争对微末厚度的减小都很敏感。图 2.6 所示为典型的智能手机广告画面，厚度竞争给电路板与封装产业带来了很大的压力。

图 2.6   典型的智能手机广告画面

　　终端应用与芯片封装市场的持续成长，有诸多芯片封装技术的障碍必须克服。如 HDI 板用于面阵列封装，制作处理器、芯片组、ASIC、FPGA 与高端 DSP，这类应用的凸块节距持续减小。极端小型化技术逐步成熟，智能型手机市场的成长，让载板技术不断面对挑战。

　　过去，封装载板市场的焦点在微处理器封装，相较于便携式、可穿戴式应用，厚度与尺寸要求还是较宽松的——并不需要严重压缩厚度与尺寸。图 2.7 所示为过去几代 CPU 的封装实例。

虽然有人说现在已经进入后 PC（个人计算机）时代，但笔者理解并非如此：目前它的成长趋缓而势弱，但整体 PC 类需求仍有一定规模。当平板电脑搭配网络应用而普及时，热点转移势所难免。从市场角度看，倒装芯片封装的先行者，在整体封装市场上仍有一定地位，不过是因为便携式产品高速成长，业者将注意目标移向了便携式产品而已。许

图 2.7　陶瓷封装处理器转换为塑料封装（来源：www.tomshardware.com）

多厚的载板器件，难以转换到薄板应用上，且周边技术也让厂商地位此消彼长。主攻薄板、模块类技术的业者，在这场战役中占据了较好位置。

封装密度的提高，促使载板类型由键合转向倒装芯片。随着倒装芯片市场需求增长，过去存在的诸多技术与设备障碍都逐渐被解决了。便携式电子产品应用，因 HDI 板技术能力持续提升而受惠，它可以提供更多的功能，并支持各种结构。便携式产品并不一定是智能手机，只不过大家都把目光聚焦在它身上了。HDI 技术的重点在辅助制作零部件，从技术角度看，只要高密度连接需求增长，市场无可避免地会对 HDI 技术更加依赖。

微处理器、ASIC 与其他高端器件的复杂度和引脚数都在持续增大，封装引脚的节距也在持续缩小。这些趋势使元件布线的设计难度提高，也迫使系统电路板的设计层数提高，而设计者也要寻求改善信号与电源完整性的方法。图 2.8 所示为大型系统用的 HDI 板。

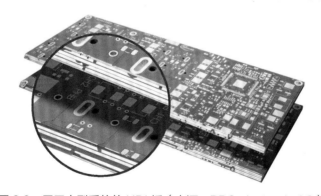

图 2.8　用于大型系统的 HDI 板（来源：PPC electronic AG）

该电路板的厚度为 6.4mm，为 36 层结构，单面有一层增层。设计规则采用 150/130μm 的线宽 / 线距，0.6mm 通孔和 150μm 盲孔。单面盲孔设计让出了相当多空间，可提高信号层线路设计弹性。

2.4　HDI 板市场概述

HDI 技术可节约产品制作成本、改善性能，这些优势正在导入高端的数据通信、军事防卫、航天科技、医疗器材市场。近来，系统级封装（SiP）已被用作系统级芯片（SoC）

的替代方案，并有望结合埋入式元件设计，作为穿戴式产品的支持技术。HDI 技术也可用于更小外形的微电子封装。

许多 SiP、PoP 以键合连接，但更多新型封装利用倒装芯片技术搭配 HDI。HDI 技术已可支持可靠互连，以及元件埋入。不论元件采用的是直接制作技术，还是埋入式技术，都依靠微孔连接。典型范例可参考日本厂商，如 Casio、CMK 等公司制作的埋入式芯片载板产品。这类芯片级封装配置在载板上并做封胶处理后如图 2.9 所示。

在铜凸块上进行激光成孔，之后在两面各制作一个线路层，额外的 SMT 元件，包括芯片级元件可安装在表面。有日本厂商利用这些技术，制作出更新、更小、更薄的 PoP 结构。

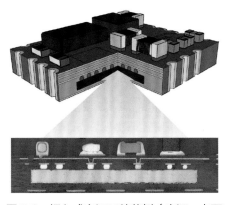

HDI 技术的发展，为业者提供了多元技术方案。各种结构，让设计者可以弹性地选择符合成本要求的技术。技术模式是动态的，业者难以准确掌握实际市场规模。不过，市场研究者已经建立了基础评估数据，可作为参考。目前，消费性电子产品都集中在亚洲生产，HDI 板的主要产能自然落在亚洲。高端、高密度板目前的最大生产者仍是日本，这是技术层次、发展历史等因素决定的。日本不但是 HDI 板材料和设备的重要供应国，在特殊技术的发展上也占据重要地位。

图 2.9　埋入式有源元件范例（来源：卡西欧；http://www.fujikura.co.jp）

IC 封装载板的技术水准与单价均较高，是日本电路板厂发展重点。至于传统电路板，价格滑落以及中国、韩国工厂大量增加产能，压缩了日、欧、美的竞争空间。亚洲其他地区，因日商投资，越南、菲律宾等也有高端载板产能，不过便携式产品的 HDI 板供应仍以中国、韩国为主。这些年，中国应对全球代工需求，HDI 板产能逐年增加：沿海地区有大量外资、内资投入 HDI 板生产，又因环保政策严格、产业工人短缺等因素，部分电路板厂朝长江上游城市转移。

目前全球的 HDI 板生产，成孔仍以激光加工为主，因此评估产能潜力也以此为参考。激光钻机的数量分布，中国应该与日本相当。以持续扩张看，中国的产能扩张速度最快。综观全球市场，HDI 板供需随着便携式电子产品的发展呈动态变化。智能手机与平板电脑、超薄笔记本电脑等的市场规模，未来几年虽仍会与全球经济荣枯同步变化，不过大趋势看涨。

从 HDI 板的平均单价看，滑落速度相当惊人。2000 年前后到目前，相同结构的 HDI 板单价几乎掉到了之前的 10%。单价降低，源自物料降价、激光加工能力提升、技术成熟度提高、供应商竞争加剧等。降价是电子产业的必由之路，业者如何在大趋势中生存、获利，仍依赖于高良率和高设备稼动率。

第 3 章

HDI 板相关标准与设计参考

开始做 HDI 设计时,应先参考既有可用的标准。IPC 相关标准是读者的入门资料之一,其中有以下四份与 HDI 设计相关。

（1）IPC/JPCA-2315：高密度互连结构与微孔设计指南。

（2）IPC-2226：高密度互连（HDI）印制板设计分标准。

（3）IPC/JPCA-4104：高密度互连（HDI）印制板用基材规范。

（4）IPC-6016：高密度互连（HDI）印制板的质量与性能规范。

使用 HDI 技术的读者,可以参考这些标准做技术规划,并作为 HDI 设计的参考。IPC-2226 是一份教育业者如何选用成孔技术、线路密度、设计规则、互连结构、材料特性的规范,它尝试提供电路板设计用微孔技术的标准。

3.1　设计先进的 HDI 板

IPC-4104 是一份尝试定义高密度互连结构使用材料的标准。这份标准的内容包含用于 HDI 制作的薄膜材料特性——这是高性能电路板首先要注意的。在 HDI 设计过程中,最重要的步骤就是选材,它决定了产品性能与制造技术。做 HDI 设计时,有大量可用材料,且这些材料不同于传统多层板材料。其中,片状材料分为三种主要类型:介质材料、导体、导体加介质材料。

介质材料常表现为以下形式:

◎ 涂覆树脂（RCC、PI 基材等）

◎ 基材（含增强材料的环氧树脂、氰酸酯树脂等）

◎ 液态材料（环氧树脂、感光材料、BCB 等）

◎ 薄膜（不含增强材料的环氧树脂、液晶高分子材料等）

从机械特性来看,材料可概分为含增强材料的材料、不含增强材料的材料及粘结片。含增强材料的材料的尺寸稳定性较好,热膨胀系数（CTE）较低,对热断裂问题较不敏感。不过,不含增强材料的材料常具有较低的介电常数（D_k）,也较薄,且可能具有感光性。

玻璃纤维增强基材与涂树脂铜箔（RCC）是业者常提及的 HDI 增层材料。不过因为价格与强度特性等因素,在激光加工技术改善后,业者选用的搭配性材料仍然以玻璃纤维增强基材为主。

这些材料的可接受性,依据需求定义为目视特性、尺寸、机械性能、化学性能、电气性能、环境等。一系列标准都是针对特定材料规范、每种材料的工程与性能数据,为高密度互连结构而设。材料的用途通常会搭配字母与数字表示,读者可参考 IPC-4104 标准并选择材料进行数据规划。

IPC-6016 的主要内容是针对还没有被其他 IPC 标准规范的高密度互连电路板的。类似于 IPC-6011,包含一般性电路板认证及性能规范。HDI 板的可接受性在很大程度上取决于产品类型:

◎ 芯片载板

◎ 手持装置

◎ 高性能产品

◎ 严苛环境产品

◎ 便携式产品

3.2　HDI 板的基本结构与设计规范

为有效连接高引脚数阵列封装，需发展出新方法。尽管"顺序增层多层板""增层式多层板"等在过去曾用来描述这类技术，不过 HDI 的优势还是源自于非常小的孔——业者称它为微孔。

IPC 技术委员会针对 HDI 设计定义，直径小于等于 150μm——相当于 0.006in（6mil）孔即可认定为微孔。为了与半导体业相适应，目前 HDI 技术已经较少使用英制单位。电路板大致有两种基本 HDI 板结构：顺序增层结构与任意层导通结构，如图 3.1 所示。

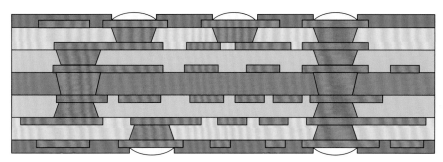

顺序增层

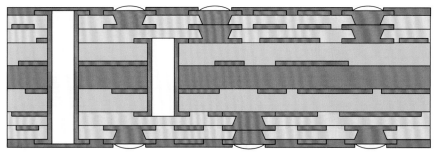

任意层导通

图 3.1　两种主要的 HDI 板的截面

3.2.1　IPC/JPCA-2315HDI

IPC-2315 是不错的 HDI 板设计指南，笔者将其导读粗略整理为图 3.2，提供给不太熟悉 HDI 设计的业者参考。

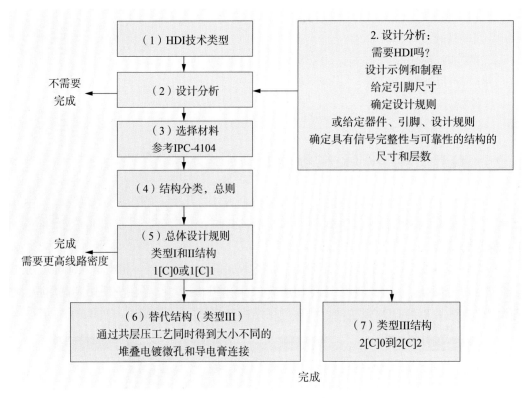

图 3.2　IPC-2315 导读

3.2.2　HDI 布线需求与准则

电路板设计与布局，是需要高度纪律与严谨程序的工作。IPC 标准提供部分需要遵守的规则信息，不过都止于基本的原则性建议。下面是到目前为止较具体、可遵循的信息，且应该会持续修正。

▌ IPC-2226

主要是做高密度互连结构分类。依据典型的堆叠模式，IPC 将高密度电路板分为六种结构。不过，导入不同材料时应该还会出现结构变化。图 3.3 所示为几种代表性堆叠结构的截面图。

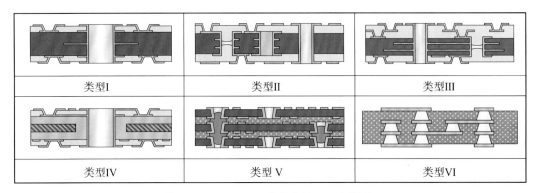

图 3.3　IPC-2226 中的六种 HDI 板结构

这些数据是 IPC 当初为了方便所做的分类，实际上因为材料、设备、应用等变化，会有更复杂的堆叠结构出现。如智能手机电路板多采用全堆叠结构，截面有点类似类型Ⅵ，但多数厂商采用电镀填孔制作。因此，从实用角度来看，笔者并不重视这些分类细节，建议读者把它们当作入门参考。

▌设计规则规划

设计者应该了解，并非所有制造商都具有相同的制程能力，它们在小节距图形转移、蚀刻、层间对位、成孔、电镀各方面都会有能力差异。基于这个理由，针对 HDI 设计规则，IPC 将其归类为 A、B、C 三类。其中，A 类被认定为较容易生产，而 C 类是最困难的。

选用特殊设计规则会限制可用厂商范围，也会影响生产良率。以 A 类设计规则规划生产线路时，因为允许公差较宽，厂商有机会沿用多数既有设备生产，且可有较高良率，因此较容易找到恰当厂商。B 类设计规则适用于传统 HDI 板制程，一般情况下有60% 以上的厂商符合这种设计需求。C 类规则需要较小的板面积与略高的制作技术才能生产，一般只有电子封装、板上芯片（CoB）或系统级封装（SiP）应用有需求。这类产品目前良率相对较低且单价高，大约只有不到 10% 的厂商能生产，因此产能相对较有限。

▌电气特性

IPC-2226 的第 6 章讨论了电气特性，涉及特性阻抗，微带线（micro-strips）、带状线（strip-lines）、共面（coplanar）、差分信号（differential signals）等，这些特性都受使用材料的介电常数、厚度、堆叠结构与设计规则影响。信号衰减是介质损耗因数、设计规则、线路长度的函数。各种类型的噪声（接地反弹、开关噪声、电源谐振等）和串扰，都受电源、堆叠结构、接地层、设计规则、材料特性等的影响。

▌热管理

IPC-2226 的第 7 章涵盖了有关热的议题：较薄的介质层搭配微孔有利于散热；新式干膜与液态介质也能提供较好的热特性——比传统基材好得多。

▌元件与组装问题

IPC-2226 的第 8 章讨论了有关元件的组装问题，这方面遵循 IPC-2221 规范。倒装芯片焊盘、单位面积引脚数量、凸块选择等都纳入了讨论。各种其他封装焊盘的选择，如焊盘形状设计与大小等，都有个别讨论。

▌孔与互连

IPC-2226 的第 9 章内容定义了有关最小孔径、孔环、焊盘的规则，讨论了各种微孔形成技术应用及可能产生的截面状态。这部分涵盖阶梯、堆叠微孔，同时也包含微孔深度变化。IPC-2226 的第 10 章讨论了布线的因素，但避开了计算部分。

3.3   HDI 板设计流程

HDI 板设计的建议流程如图 3.4 所示，第一步是做设计规划，这是重要步骤。HDI 布线效率与堆叠关系、孔结构、元件配置、BGA 扇出和设计规则都有关。不过，整体 HDI 带来的价值必须列入考虑，包括制造良率、组装、在线测试等。

▌HDI 产品系统分割

OEM 厂商设计产品时会先面对 HDI 板。它们负责管理与完成系统分割，这是第二步。HDI 是持续变动的互连技术，会面对诸多生产挑战。业者已经逐渐积累足够的盲孔、埋孔经验，若能够将产品分割，将特性转换到系统需求与规格，就更容易发挥 HDI 的好处。

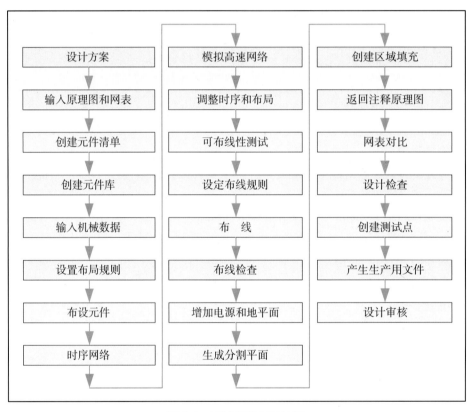

图 3.4　HDI 板的设计流程

厂商最好善用虚拟原型（virtual prototyping）辅助工具或系统，利用程序分析、技术选择、优化、结构选择等手段，让这种较复杂的技术顺利导入。流程要执行到优劣平衡，因为这类设计有相当多替代设计。表 3.1 为设计软件公司建议的检讨分析事项。

表 3.1　HDI 板设计功能分区的建议检讨事项

分　析	技术选择	优　化	结　构
·制造成本仿真	·元　件	·目标功能	·外观与剖面
·性能评估	·载　板	·配置与预算	·分区状态
·联机／布线分析	·材　料	·优先级	·配　置
·可制造性评估	·封　装	·限制与需求	·分　解
·测试预估	·连接器	·公用资源的功能性	·再利用
·制造后的行为	·制造流程		

利用工程估算方法可评估 HDI 板结构能提供的产品性能、尺寸与成本优势。

▋ HDI 板设计

第三步是电路板的设计与布局。参考图 3.5 可看到电子产品扩展到的实际程序，电路板设计包含设计权衡分析、实际计算机辅助设计、搭配 FPGA 的混合设计权衡分析、线路仿真、可制造性监控等。

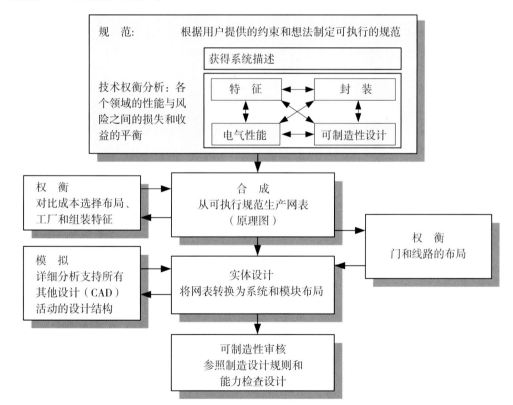

图 3.5　电路板的布局与设计

HDI 板设计对 OEM 厂的挑战，是它大量利用焊盘内微孔结构节约空间并降低寄生噪声。这意味着设计数据库必须有这些孔。在这方面，目前新的 CAD 系统问题不大。HDI 也可能出现复杂孔结构，在同一类堆叠中搭配不同的孔及焊盘直径。而孔结构也必须符合制造能力，因此孔会配置成堆叠、偏离、阶梯等关系。这些孔必须在自动布线功能中提供。若选用批量微孔制造技术（如感光），孔数、直径就不是成本的关键。自动布线系统必须能将孔数设定到需要的最大范围。自动布线软件会尽量减少孔。

▌权衡分析

产品开发经过系统分割后，接着设计外观并选用元件。结构设计应该着眼于维持低生产成本，同时符合规划性能与操作接口条件。这些考虑对 HDI 设计特别重要。这些年传统电路板设计没有太大改变，细致外观、更多层数、表面贴装都有所改观，但基本制程维持不变。微孔与 HDI 结构带来了许多改变，需要新的设计规则与层结构，过去的经验对此帮助不大。尤其要留意的是，布局有无限多层结构组合的可能性，包括许多可用的材料。

有这么多选择，而 HDI 又是相对较新的概念，因此要慎选辅助评估工具做设计规则与特性优化，让 HDI 板设计快速可行，且具有经济、可生产、符合期待功能低生产成本等特性。因为实际设计还没完成，这些工具需要有评估模型才能评估成本与性能。市场上有些软件可辅助评估，也有公司自行开发合适的工具。

▌密度权衡

电路板设计与布局过程，对电子产品性能影响深远。由于业者需要在组装中配置更多的元件，应对更轻薄便携、快速和多功能趋势等，设计过程充满挑战。这时必须考虑功能性平衡，将相互矛盾的临界状态考虑进去，如电气与热性能。

▌布线需求

所谓布线需求，就是连接所有元件所需的线路总长。设计者定义了组装尺寸和外观后，就会生成布线密度（单位面积线路长度，如 cm/cm^2）。在设计规划前建立模型，可推算出需要的布线长度。以下三个主要因素，对布线需求有决定性影响：

◎ 从一个元件（如倒装芯片或芯片级封装）贯穿，向外扇出导通

◎ 两个或以上元件紧密连接产生布线需求，如 CPU、闪存、DSP 与其输出、输入接点控制

◎ 所有 IC 与无源元件间的布线

有些软件模型可用来计算这三种布线需求。对于特定设计，不容易知道什么是关键影响因素，需针对三者做评估。

▌布线能力

HDI 板的布线能力包含以下三个主要影响因素：

◎ 设计规则——线宽 / 线距、孔与焊盘、禁布区等，设计必须依据这些规则构成各层线路图形

◎ 结构——信号层数量与通孔、盲孔、埋孔搭配，遵循既定规则才能做层间互连，而 HDI 的孔堆叠结构、深度变化较复杂

◎ 布局效率——设计规则保留的可用区域与在设计中使用的百分比

这三个基本因素决定了 HDI 板的可布线量，设计时必须判定规划是否符合期待的需求。

布线需求与板面布线容量的关系

布线需求与板面容量间可能存在以下四种关系。

（1）布线需求＞板面布线容量：若板面布线容量小于设计需求，不论是孔还是线路的空间不足，都无法完成设计。要解决这种问题，要么将板面变大，要么去掉元件。

（2）布线需求＝板面布线容量：达到优化程度，没有空间可做变动，完成设计需要无法接受的长时间。这是理想状态，但并不建议这么做。

（3）布线需求＜板面布线容量：这是常用的方式，规划需要有足够的额外空间让设计能及时完成，但还是要将过度设计的规格与成本影响降到最低。

（4）布线需求≪板面布线容量：这是普遍现象，电路板布线时间紧迫，多数会选择较严谨图形规划或额外层来缩短布线时间，主要影响是增加了 15% ~ 50% 制造成本。

产品开发的关键是保持制造成本在可控制范围，这需要管控布局与性能：尽量了解设计的最佳状态，持续追踪设计的可能偏差，尝试权衡设计并做关键因素的反复检讨。

3.4　CAD 的实际操作

较新的电路板 CAD 系统都能处理盲孔、埋孔，HDI 板设计可以用手工结合系统来做。设计软件数据库的丰富性会影响辅助设计效率，多数高性能 CAD 系统都足以辅助电路板设计。自动布线功能可辅助大量 HDI 孔的配置。

在 BGA 扇出处理方面，自动布线是相当重要的功能，设计 HDI 板的 CAD 系统中，自动布线的关键功能如下：

◎ 混合孔设计优化

◎ 阶梯孔控制（曲轴式、拉链式等）

◎ 配置孔与预算成本

◎ 盘中孔设计

◎ 埋孔、盲孔层间控制（可依据不同层管控盲孔、堆叠孔深度）

◎ 贯穿线路（或穿越线路）的管控

◎ 孔焊盘堆叠控制（包括无孔环孔）

◎ 逐步接入电源（平面），让通孔最少化

◎ 通孔、盲孔、线路的手动布线调整推移

◎ 自动测试点生成，包括边界扫描、焊盘、孔、面次、网格、线宽 / 线距等信息

◎ 焊盘在焊盘内（盲孔焊盘在通孔焊盘上）

◎ 埋入元件（印刷、片状材料、甜甜圈电阻等）

◎ 导电膏导通孔与传统微孔共同堆叠

◎ 任何角度的布线

◎ EMI 控制（表面接地平面）

◎ 制程数据库管控

▌ 线路模拟

计算机辅助设计环境提供了不少模拟工具，可用来评估与确认设计选择的恰当性。电气仿真可评估信号完整性、电源完整性、频率特性、EMI/RFI 等，这些评估多数都有工具可用。热模拟可提供升温、热流动、冷却效果等信息。振荡、可靠性、可制造性模拟也应考虑，且仿真作业可以在设计时间内做。

▌ 监控设计的可制造性

有些新的可制造性监控软件，可以在电路板设计送到制造商前执行检查。这可找出导致成本浪费的错误，如电源线搭接到了地，或小铜焊盘没去除导致短路。这些可能的小错误，都可通过筛检调整并快速反馈给制造商。采用监控软件，可节省不少时间成本，根据 OEM 厂商的经验，可以快速回收软件成本。

目前，部分厂商还是用人工或部分简易软件检查设计结果，即设计规则检查（Design Rule Check，DRC）。新的设计软件，可修正电路板设计中的关键错误。业者当然希望采用的 CAD 系统可找出所有设计错误，可惜目前电路板设计都相当复杂，无法如愿。

HDI 板设计经常要面对大量表面贴装、信号完整性、热管理问题，简单的错误就会严重影响制造时间和成本。这些问题无法进行简单判断，严重时会延迟电路板的制造与组装。使用可制造性监控软件，可找出并及时修正这类错误。典型的可制造性检查清单见表 3.2。

电路板设计流程，是产品研发中财务评估的重要部分。它决定了制造成本，多数还会直接影响最终产品质量。不过在新产品研发过程中，它是最欠缺理解与研究投入的部分。

表 3.2　典型的可制造性检查清单

CAD 基础数据与 Gerber 联机比较	元件到元件的间距 / 自动化
孔环错误	质量良好的元件数据库
焊盘堆叠检查列表	孔的监控 / 引脚直径
导体平面间距	表面贴装元件密度
可制造性分析与设计规则检查（DRC）	SMT 的高度间隙
热引脚偏离	组装设备需要的检查空间
线路检查清单	元件到元件的间距
未完成终端处理的线路	钻孔通路优化
阻焊分割状态	自动阻焊图样的生成
铜焊盘	裸板测试点的分析与增加
阻焊检查清单	线路内测试点分析
违反焊接短路问题的检查	线路内测试的检查清单

CAD 基础数据与 Gerber 联机比较	元件到元件的间距 / 自动化
阻焊覆盖状况	边缘扫描的监控
底片倒孔的关系检查	测试点管控
锡膏检查	设计流程
丝网印刷的恰当性	对位机构的产生
焊盘泪滴状设计补偿	禁布区监控

3.5　HDI 板的制造、组装与测试资料输出

了解 HDI 的制造过程变化，可估测电路板的制作、组装、测试成本。利用辅助法评估布线密度效益，可在产品规划的前段对各种选择进行权衡，业者称这种过程为"制造和组装设计"（Design for Manufacturing & Assembly）。某些专家还设计出了评估工具，可精准评估设计可能产生的成本。个人用电子表格已相当普及，配置 HDI 假设条件，也可规划有用的评估工具。这种方法，可帮助产品设计与开发者做设计优化。

▎制造数据卡

制造数据卡是由电路板制造商提供的选择清单，它是关于各种电路板设计选用的建议清单。其中列入的项目，以制造商提供的制作能力与参考成本为基础。一般会影响电路板制造成本的因素如下：

◎ 电路板尺寸及一片生产板可拼板的成品板数量
◎ 最小钻孔直径
◎ 总层数
◎ 阻焊与元件标记
◎ 材料结构
◎ 最终表面处理的类型
◎ 线宽与线距
◎ 端子镀金
◎ 整体钻孔数量
◎ 设计规格与特殊形式等

一旦产品制造商搜集了这些价格影响的因素，就会针对成本因素与图形做成本评估，列入非常小的关键成本是常态。

▎预估可生产性

简单的电路板评估原则，对于多芯片模块、混合集成电路也都是影响设计的重要因素。如前所述，这些项目会对制造良率产生累加性影响，会影响到可生产性。选择规格，可考虑良率负面影响较小的项目，但小问题累加起来还是会降低良率。较简单的方式是

将因素集中成清单：即使指标性因素较复杂，也可通过交叉比对找出来。

▌组装数据卡

这是组装相关因素的清单，包括元件选择、测试到组装的成本等，良率与返工也会列入这张清单，可用于组装与测试的成本预估。这份清单是由组装厂提供的，它是关于各种组装程序与测试选择的基本数据，组装厂会依据各种元件尺寸、方向、复杂度、已知质量水平等估算成本，供设计者参考。影响组装成本的典型因素如下：

◎ 经过回流焊的次数

◎ 连接器的配置

◎ 波峰焊制程

◎ 测试程序

◎ 手动或自动元件组装

◎ 测试的应对能力

◎ 特殊形式的元件

◎ 组装应力测试

◎ 元件的质量等级

◎ 修补设备的兼容性

搜集了所有与组装、测试、修补成本相关的信息后，就可以标准化这些必要制程成本并编成相关数据表。但标准是硬邦邦的条款，无法保证符合实际，如何灵活应用，还需要读者自行摸索。

第 4 章

理解 HDI 板的结构

4.1　HDI 板的发展趋势

电路板是电子元件的载体，元件的发展趋势当然会影响电路板的设计及几何状态。电子封装因为 IC 的快速发展而蓬勃成长，最明显的变化就是引脚数大幅增加。为了能在相同面积下有更多连接，封装密度逐步提高且从传统导线架转变为 TAB（载带自动键合）与阵列引脚，又因为芯片密度及信号速度需求转变为倒装芯片封装，部分高频通信产品则与光电元件搭配。这些封装的演进如图 4.1 所示。

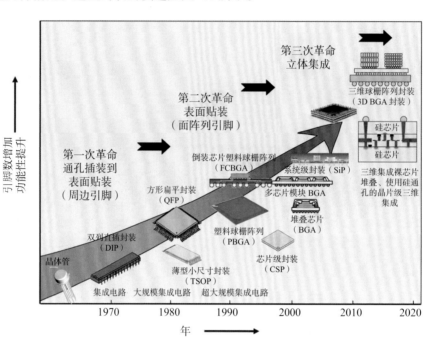

图 4.1　电子封装的演进（来源：https://www.electronics-cooling.com）

对电路板设计而言，连接密度提高的直接冲击是立体空间的利用：以三维空间为基础，在平面的基础上加上 Z 轴的变化——用电路板术语来说，就是同层内线路图形的变化与层间孔的变化。一般人讨论的线路多半仍集中在平面线路变化，因为它直接影响封装的密度能力。

从结构的角度来看，其实 HDI 板的变化可以十分简单地分解成为两个方面：线路密度变化，转接点密度变化。转接点密度变化可直接描述为"单位面积容纳下更多接点"，这包含连接元件的焊盘与层间转折焊盘接点。线路密度变化可简单描述为"单位面积内布线更长"：只要能做出更细的线路，就可增加布线长度。就焊盘密度变化而言，其表现为"单位面积内配置的焊盘数增加"。当然，相同面积下提供较多线路层，也可提高连接密度，不过这不是 HDI 板的独有特色。图 4.2 所示是简略的 HDI 板与线路图形的关系。

由图中可以看到接点密度提高，单位面积内的接点增多，若将孔与焊接点作适当结合，更可提高空间利用率。延伸出来的现象就是，采用顺序层压来提高堆叠密度，以盲孔、

提高焊盘密度   提高布线密度
– 单位面积上更多焊盘   – 每面布更多层
– 合并焊盘和导通孔   – 每个通道布更多线

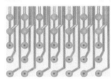

高密度互连接构   高层数结构
顺序层压   薄芯板
镀覆孔上堆叠微孔   厚成品板
盘中孔   细线路
微孔堆叠

图 4.2   简略的 HDI 板与线路图形的关系

埋孔堆叠提升空间利用率及焊接点、盘中孔等应用。从几何眼光看，凡是能提高连接密度使产品接点密度高于传统结构者都应该列入考虑。从这种观点看，增加电路板的层数也是一种提高密度的做法。

由于网络、云端应用增长，主机、服务器、基站等产品，出于组装设计及可靠性的考虑，都采用较高层数电路板设计。面对这种产品，结构上最明显的变化是采用较薄的介质层材料，同时增加电路层数来提升布线弹性，如此电路板整体厚度仍会增大。同时，为了缓和层数增加幅度，会以细线提高布线密度。两种几何结构混用，必须结合不同电路板制作技术，后续会具体讲解。

电子产品封装技术朝高引脚数发展，可明显看出采用接点阵列化的必要性。阵列封装可有效利用平面组装空间，自然比传统封装有更多的连接位置；同时，也可采用较大引脚节距做出与周边引脚数量一样的连接，这也是它的优点。

这种结构不可避免的问题是，线路密度必然会大幅提高。在电子组装一对一关系下，孔、焊盘、线路相互争地，成为电路板线路布局的一大考验。传统设计主要用于通孔元件组装，就是业者所称的 DIP。这种做法因为要考虑插件问题，所以孔径设计得较大，多数大于 0.5mm，以符合插件引脚尺寸。随着 SMD 元件的普及，孔所占空间被大量压缩。目前除大型端子及电容外，多数元件都有 SMD。这种结构使得微孔比例提高，电路板厂的钻机数量逐年增长的部分原因就源自于此。

传统通孔占用空间，顺序层压必须面对大量薄板制程问题。微孔结构可解决这类问题，且可满足阵列封装的线路需求。早期电子元件都以引脚间的空区"通道"布线，业者常用术语"n-line per channel"（单一通道通过的线路数）来描述密度。

传统电子元件的引脚节距为 0.1in，加上通孔所占空间相当大，因此要做出多条线路十分困难。就算当时有不错的细线能力，也不容易做出理想的线路结构。随着微孔细线能力的提高及盲孔可直接组装元件，线路设计有了可拓展空间。图 4.3 所示为普通电路板的布线密度走势与焊接点配置。

导入盲孔后，不但线路得以争取到较多的配置空间，跨层连接也可通过下层线路的导通做连接设计，结合电镀填孔还可以直接在孔上做焊接，这在传统通孔电路板上是无

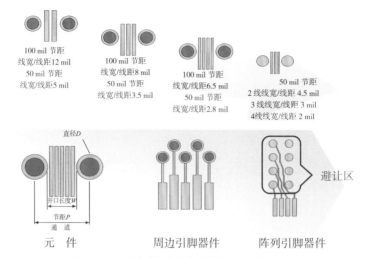

图 4.3　电路板线路密度走势与焊接点配置

法做到的。图 4.4 所示为典型线路跨层连接设计。

　　盲孔上下铜焊盘直径可略有不同，当图形转移对位能力足够时，底部直径可略小，焊盘间线路空间较大。若制程能力达到此水平，封装载板制作就有弹性。若将线路设计在表层，上下焊盘直径又设计得相同，则可用空间大致相同，但必须面对阻焊对位考验，如图 4.5 所示。

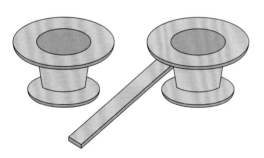

图 4.4　典型的线路跨层连接设计

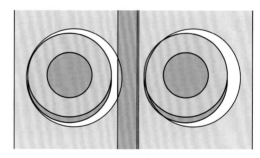

图 4.5　阻焊对位偏移可能导致焊接短路

　　对于特殊应用，如倒装芯片载板的凸块焊盘结构，若阻焊必须覆盖铜面，则可将线路设计在内部线路区，将表面焊盘尺寸加大，如图 4.6 所示。这有利于制程、质量控制，不但阻焊对位变得较简单，焊盘加大后焊点强度也会提升。

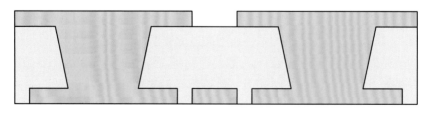

图 4.6　表面焊盘加大有利于焊盘强度提升与阻焊对位

　　HDI 板结构改变了焊接设计，而传统电路板因为采用插件组装，不少还保留有大通孔。随着 SMD 的普及，组装密度大幅提高，微孔细线就有了用武之地——它们不但减小了布线面积，强化了电气性能，同时解决了传统通孔无法直接安装元件的问题。

传统通孔有所谓的"吞锡"现象，就是焊锡会流入孔中而无法控制焊点的锡量，这使得传统焊接必须将焊盘与孔分离。但高密度互连电路板因为采用盲孔，不但孔径小且可采用填孔工艺将孔面填平，避开了吞锡问题，可大幅提高组装密度。图 4.7 所示为焊盘与孔的几何关系变化。

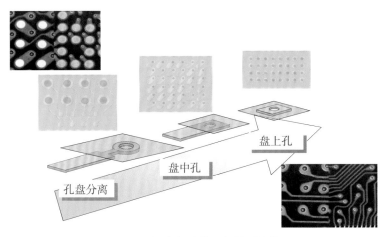

盘上孔

盘中孔

孔盘分离

图 4.7 焊盘与孔的几何关系变化

面对电子产品的高密度化需求，虽然采用盲孔、埋孔与细线的单位面积成本有所增加，但整体产品效益提升了，产品成本相对降低了。尤其是电气性能提升，是无可取代的。

4.2 HDI 板的立体连接

HDI 板与传统板的最大不同之处是立体连接。传统机械钻孔以制作通孔为主，尽管也有部分早期业者尝试用深度控制做盲孔，但在精度、尺寸、金属化能力上都受到限制，且无法经济量产，也让这种技术难以实用化。图 4.8 所示为典型的采用传统机械钻孔技术制作的盲孔。

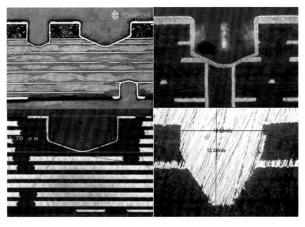

图 4.8 典型的采用传统机械钻孔技术制作的盲孔

其实，盲孔连接集成电路上早就实用了，如图 4.9 所示。自从 IBM 开始采用感光成孔技术，将这种结构导入电路板领域，其应用便逐渐成熟。

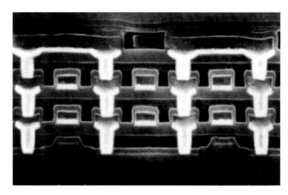

图 4.9　集成电路的金属层连接

集成电路制作与电路板制作的最大不同处在于，前者使用的是薄膜技术，制作材料多使用硅片。因此，两者在可用制程技术与辅助材料上有很大区别。虽然两种产品在图形转移及许多增减制程上相似，但在实质功能性与细致度上都有很大差异。尤其是电路板采用塑料材料，在制造方面有较大弹性且造价较低。但受限于材料特性，不论尺寸稳定性还是耐候性，都使得电路板规格不同于集成电路。

电路板金属层采用铜导体，近年来集成电路的特征尺寸快速缩小，也开始用铜导体制作芯片线路以降低电阻。虽然两者似乎走上了相同的制作道路，但从尺寸上看，厚膜技术仍然与薄膜技术有相当大差距，如图 4.10 所示。可见，两者间的尺寸差异多年来都在 10^3 倍级别。

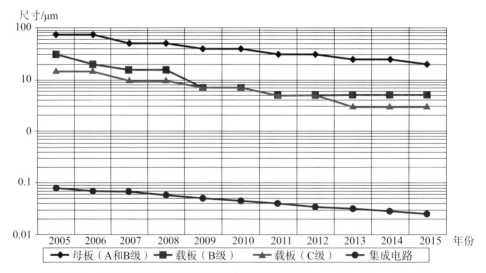

图 4.10　集成电路技术与载板技术的差异（来源：Jisso Roadmap 2005）

目前集成电路的层间连接多采用氮化硅介质层，之后利用图形转移与等离子体蚀刻做层间导通孔，再以物理或化学薄膜蒸镀金属化芯片。但电路板尺寸稳定性并不如硅芯片好，同时胀缩系数及耐温性也不如无机材料好，因此线路强度及孔金属化厚度要求较高，以维持应有的可靠性。也因为这种先天特性，电路板的细线路制作能力有限，与集成电路制作能力总是保持着一定的差距。

曾有部分集成电路业者尝试以半导体制程模块化电路板制作，但因为成本因素及实用化问题没有在多数产品上使用。这类制程的应用目前仍然以模块化产品为主，也就是所谓的"多芯片模块 – 沉积型"（Multi Chip Module - Deposition Type，MCM-D）。

人类的想象力不受技术限制，在材料、技术未成熟时，许多研究就已经转用其他几何结构做研讨，只待技术成熟来实现。HDI 板的状况也类似，在 20 世纪 60 年代到 70 年代间，许多盲孔技术已在半导体制程中实现，但实际用于电路板却到 90 年代末期才逐渐成熟。出于几何结构与制程概念的原因，业者对 HDI 板的称谓曾经不同，但经过一段时间发展，目前已经基本形成了共识。图 4.11 所示为典型的 HDI 板结构。

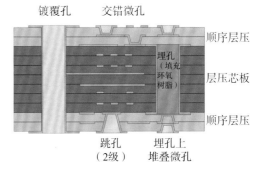

图 4.11　典型的 HDI 板结构

此范例，一般业者称其为"2+4+2 的八层 HDI 板"，或者直接称其为"242-HDI 板"。这是因为其芯板是以传统制程制作的四层板，上下两面各有两层增层线路。

某些通信产品，为了防止电磁辐射而采用顺序层压制作芯板，因此有不同的结构称谓，如"2+2+2+2""2222"，这描述的就是结构为双面板的两张电路板经过线路、通孔制作后做层压，再做表面增层线路。因为内部芯板已经有通孔，之后再做高密度线路制程，因此产生了用四个数字表示的结构。

芯板的结构会因为设计需求而有差异，为了方便分类，业者又提出了不同的命名方法。多数方法将芯板直接称为"N"或"NN"，之后外加数字，如"2N2""3N3"或"2NN2"等。

电路板原则上都会采用对称设计，以保持平整度，同时减小应力反应。但特殊设计需求，尤其是高密度封装载板设计，也可能采用非对称设计结构，偶尔也会有两个号码的名称。例如，过去某家载板公司的 X-Lam 工艺就以传统厚基板为基础，做单面高密度线路，因此出现了"4+2"结构。

若不是特殊需求，多数 HDI 板需求几乎用单面两层增层结构都可满足。因此若纯粹以这种结构排列，针对是否有叠孔、通孔、盲孔导通结构，可制作出来的 HDI 结构约有32 种之多。图 4.12 所示为增层不超过两层的 HDI 板结构。

按这种分类方法，可将"1N1"与"2N2"结构分为 11 个类别，每个类别采用的制程类似，有兴趣的读者可自行研究做法。因为不同业者会有不同技术规划，笔者在此不进行详细陈述。

不过，这种分类方法不是没有缺点，无法涵盖非电镀制程，如日本常用的导电膏填孔。从几何层次来看，要简化 HDI 板的结构分类，也可从孔堆叠结构入手。图 4.13 所示为 HDI 孔堆叠结构。

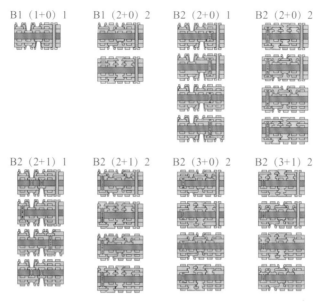

图 4.12　增层不超过两层的 HDI 板结构

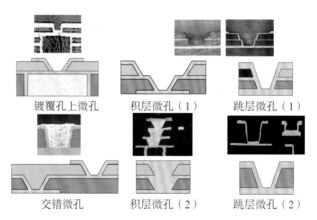

图 4.13　HDI 孔堆叠结构

　　电路板采用何种堆叠结构较好没有标准，一般以可靠性高、制程简单、价位适当、可制作者多为主要考虑因素。但简单的规则，会因为制作商不同而有不同的评价标准。尤其不同电路板厂的制程及价格优势都不同，没有放之四海而皆准的原则。

　　除非制作十分高密度的产品，否则孔对孔直接堆叠并非必要设计。而为了节省一次电镀成本，跳层微孔结构是不错的选择。虽然这种设计并不完全符合高密度要求，但能省掉不少制程费用。对于设计空间尚有富余的产品，采用大孔套微孔堆叠可增加制程宽容度，有利于提高良率和降低成本。但对于某些结构，若孔深度提高，电镀就较难——这是良率杀手，不得不注意。

　　为了压缩电路板厚度并提升电气性能，系统业者强烈追求所谓的"无芯板技术"或"任意层导通"结构。这种结构用图片表达并不困难，但实际生产时面临的挑战相当大。

4.3　电路板组装与 HDI 板的关系

在电子产品设计之初，基本功能确定以后，非标准元件的设计会交给晶片厂制作，而标准元件从市场上取得。这些订制元件完成后，会封装成适合的元件，再组装、焊接至适配卡或母板上。这就是一般电子产品的制作程序。

晶片制作被定义为零级封装。将芯片做成适合组装的状态称为一级封装。将一级封装元件焊接到适配卡上称为二级封装。将适配卡安装至母板上称为三级封装。这是电子产业对电子产品封装层级的定义。对于不同的电子产品，大致可用这个思路了解。图 4.14 为文献中常见的电子产品封装层级。

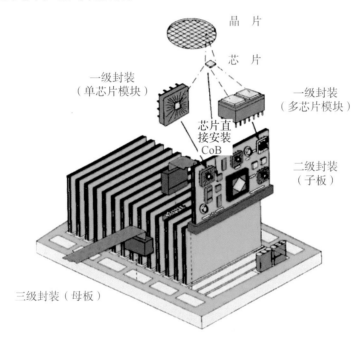

图 4.14　电子产品封装层级

电子产品以有源元件、无源元件为最小单位，元件随技术进步逐年朝高密度、小型、多功能化发展。虽然系统级芯片（System on Chip，SoC）是理想元件，但实际上仍然很难用于较复杂系统，因此电路板仍必须扮演穿针引线的角色。将裸芯片做成封装颗粒或板上芯片（Chip on Board，CoB），复杂封装颗粒仍安装在电路板上，而适配卡也与母板进行组合。虽然不是所有电子产品都遵循相同的模式，但大致结构相似。

当电子产品功能趋于复杂，半导体封装也走向高引脚数，传统引线架已不能满足半导体封装。多芯片模块（Multi-Chip-Module，MCM）、裸芯片、转接板、直接芯片安装（Direct Chip Attachment，DCA）、芯片级（Chip Scale Package，CSP）封装、晶片级（Wafer Level Package，WLP）封装、针阵列（Pin Grid Array，PGA）封装、球栅阵列封装（Ball Grid Array，BGA）、柱栅阵列封装（Collumn Grid Array，CGA）等在不同领域出现，它们与 HDI 板的连接就呈多样化。电路板的角色不再是元件承载平台，多数电子封装的高端载板已经以 HDI 板制作。图 4.15 所示为塑料封装载板。

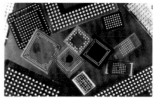

图 4.15　塑料封装载板

依据摩尔定律估测，2015 年后大型封装需要的外引脚数会突破 2900 个 /in²，而内引脚数会达到 1600 ~ 9000 个 /in²，引脚节距与密度的实现是必须面对的课题。图 4.16 所示为阵列式引脚布线的变化。

许多新型手持式电子产品，不但以 HDI 板作为载板，同时应用立体封装技术做系统整合，创造了非常特别的电子封装结构。图 4.17 所示为用于系统整合的立体封装模块。

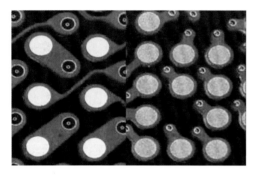
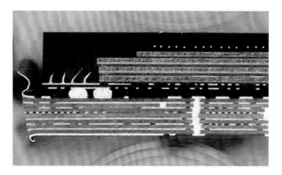

图 4.16　阵列式引脚布线结构的变化　　　　图 4.17　系统整合的立体封装模块

第 5 章

制造 HDI 板的材料

多数 HDI 板包含的层，仍以类似于传统电路板的描述呈现。为了方便了解，还是要迁就既有术语。依据预测，目前全球 HDI 电路板的月生产面积约 500 万平方米，主要材料仍以激光加工类为主。不同公司应用的材料极多，笔者仅将常用的材料罗列如下：

◎ 可激光加工粘结片

◎ 涂树脂铜箔（RCC/PCF）

◎ 传统粘结片

◎ 味之素增层膜（ABF）

◎ 环氧树脂

◎ 双马来酰亚胺 – 三嗪（BT）

◎ 聚芳酰胺

◎ 聚酰亚胺（PI）

◎ 感光干膜

◎ 光致抗蚀剂

电路板由高分子树脂（介质）、填充材料、增强材料、金属铜箔等构成，交替的介质层、搭配或不搭配增强结构的材料被堆叠在两片金属铜箔层间。典型的电路板结构如图 5.1 所示。

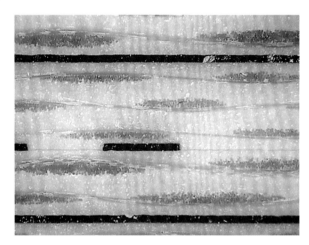

图 5.1　典型的电路板结构

5.1　树　脂

这些年来有不少先进树脂用于 HDI 板制造，其中主体还是环氧树脂。究其原因，是它具有相对低价、优异的黏接性（可黏接金属铜箔）、良好的耐热性与机械强度，并具有适当的电气性能。为应对更高的电气性能要求，承受无铅组装温度、绿色环保的考验，业者也尝试调整配方让产品具备相关特性。

环氧树脂是热聚合树脂，利用硬化剂与触媒启动交联反应，形成最终聚合产物。图 5.2 是典型的含溴基材配方。

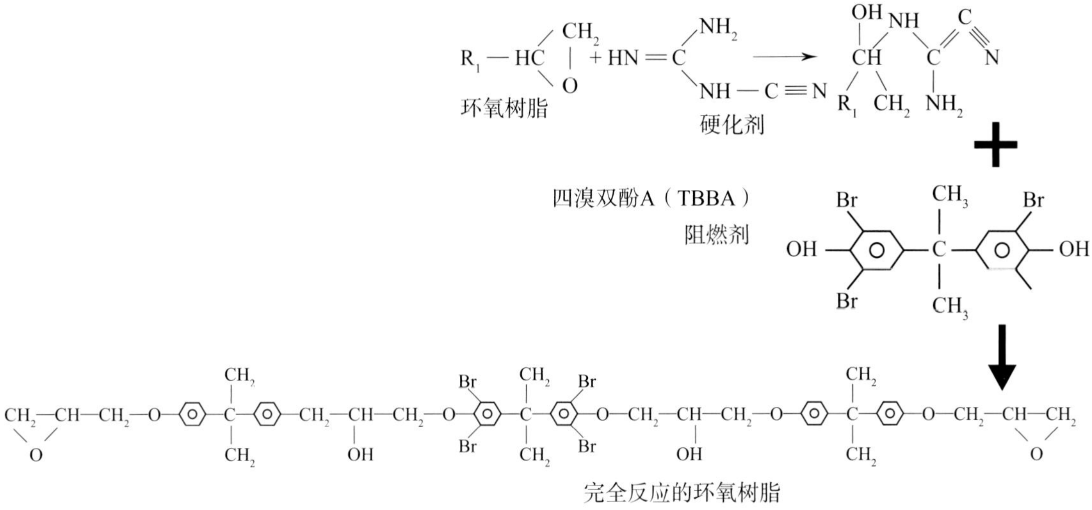

图 5.2 典型的含溴基材配方

环氧树脂先天可燃，需要加入阻燃剂，以大幅降低可燃性。过去这些年，树脂体系已经变更聚合化学配方，在无铅制程高温下仍然具有稳定性能。传统聚合硬化剂是双氰胺（DICY），现在耐高温材料使用的是各种酚醛聚合物。传统含溴化合物如四溴双酚 A（TBBA）阻燃剂，已被其他化合物（如含磷化合物）取代——废弃电路板一旦燃烧就会释放二噁英，污染环境。虽不能说所有电路板材料都已经摒除了卤素，但这几年无卤材料的普及率相当高，这应该是环保材料与制程要求的必然趋势。图 5.3 所示为典型的无卤树脂配方。

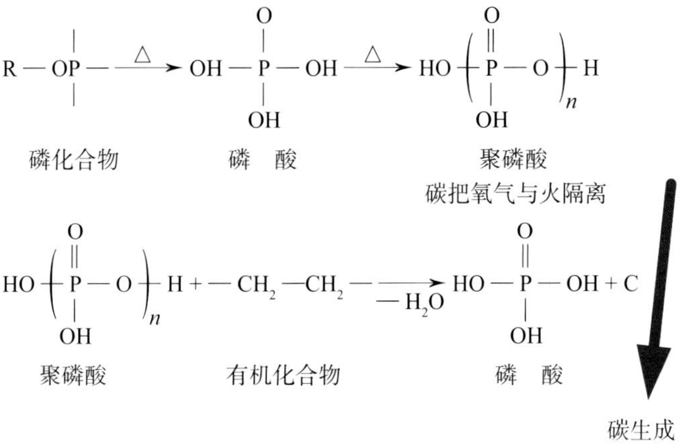

图 5.3 无卤树脂配方：依赖磷酸盐类阻燃

其他常用的树脂，也都是针对环氧树脂弱点而开发的。BT- 环氧树脂就是普遍用于塑料封装载板的材料，这源于它热稳定性高的特性。PI 与 CE（氰酸酯）则因为有较好的电气特性（较低 D_k 与 D_f），又改善了热稳定性而被采用。这些树脂都比环氧树脂贵，只会用在必须的地方；有时候会与环氧树脂混用，以适度降低成本，同时改善机械特性。

除了热固型树脂，业者偶尔也会用热塑型树脂，包括聚四氟乙烯（PTFE）。不同于热固型树脂偏脆，热塑型树脂是软的，且以薄膜形式供应。这些材料一般用于生产挠性板制造，有时候也用于刚挠结合板制造。

PI 膜一般会制成聚合基材，单面或双面搭配铜箔。它比环氧树脂贵得多，只在必要时使用。图 5.4 所示为常用 HDI 材料的电气特性。

PTFE 具备优异的电气特性与较低的吸湿性，可通过添加特定填料来改变介电常数，以应对特殊应用。PTFE 非常昂贵，但随着信号频率提升与无线应用增长，用到它们的机会就增多了。

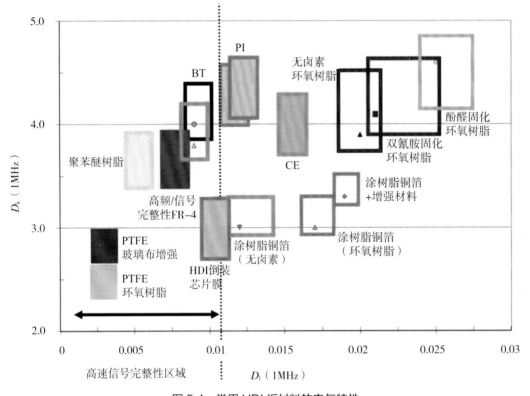

图 5.4　常用 HDI 板材料的电气特性

5.2　增强材料

多数电路板的介质材料中都会加入增强材料——业内常用的就是玻璃布——编织玻璃纤维，把玻璃单纱用织布机编织在一起。使用不同直径玻璃纱与不同编织形式，可生产不同类型的玻璃布。玻璃布依据玻璃纱直径、纤维直径、基重、是否开纤、配方含硅量等，有多种不同类型。仔细研究规格会发现，连单位长度内纱线要扭结几下都有规定。图 5.5 所示为可用于激光加工的玻璃布。

玻璃布为介质层提供机械与耐热能力，但用于 HDI 类产品时会出现问题：采用激光成孔时，会因为加工参数、玻璃布类型、孔是否在编织交叉点上、孔周边树脂形式与分布而影响成孔质量。一般激光加工参数的设定，都会以较困难加工的位置为标准。

图 5.6 所示为激光成孔质量的比较。若能搭配可激光加工的粘结片使用，这些问题应该可以改善。

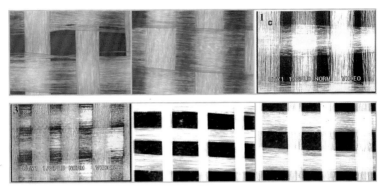

图 5.5　可用于激光加工的玻璃布

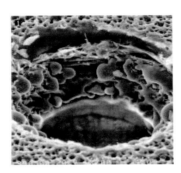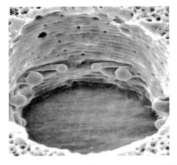

图 5.6　传统玻璃布增强介质与可激光加工粘结片的激光成孔质量比较

　　基材商为减少激光加工问题而生产的可激光加工粘结片，通过在编织的两个方向上让纤维分布得尽量均匀，减小无纤维点与交叉点的差距，让材料加工性变得较均匀。笔者研读厂商资料发现，不同玻璃布可由相同直径玻璃纱编织而成，不过纤维纱、纤维数量和基重不同而已。

　　另外，笔者对来自不同供应商的相同玻璃布型号也做了比较，发现内部纤维直径分布有明显差异；若以截面积比较，差异近一倍。由此可见，不同供应商提供的相同型号的材料，激光加工质量应该也有相当大的差异。图 5.7 所示为相同型号不同供应商的基材的切片比较。

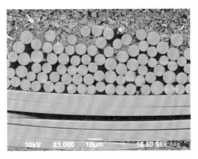

(a)4.8～6.0μm直径的玻璃纤维　　　　(b)6.2～9.2μm直径的玻璃纤维

图 5.7　不同供应商提供的可激光加工基材的切片比较

　　玻璃布的另一个特征是，制作玻璃纱的玻璃种类。各种玻璃配方中氧化物的添加量会影响产品特性。业内常用的标准玻璃被称为 E 玻璃，具有相当好的机械与电气性能。不过，对于高速电子信号，业者总是希望基材具有更好的电气性能（低 D_k、D_f）。使用 D 玻璃与 SI 玻璃的基材，有利于高速信号传输。这种玻璃材料制作的增强纤维布较昂贵，一般只会用在特定产品上。这类材料与高性能树脂搭配，可以得到更好的电气性能，但成本也相对较高。表 5.1 和表 5.2 是这些玻璃的比较。

表 5.1　E 玻璃、T 玻璃、S 玻璃、D 玻璃、SI 玻璃的比较

特　性	单　位	SI 玻璃	E 玻璃
热膨胀系数	10^{-6}/℃	3.4	5.5
导热系数	kcal[①]/（m·h·℃）	0.86	0.89
比　热	cal/（g·℃）	0.206	0.197
介电常数（1MHz）		4.4	606
介质损耗因数（1MHz）		0.0006	0.0012

表 5.2　E 玻璃、T 玻璃、S 玻璃、D 玻璃、SI 玻璃中各元素的含量（质量分数）

元　素	E 玻璃	D 玻璃	T 玻璃	S 玻璃	SI 玻璃
SiO_2	52% ~ 56%	72% ~ 76%	62% ~ 65%	64% ~ 66%	52% ~ 56%
CaO	16% ~ 25%	0	0	0	0 ~ 10%
Al_2O_3	12% ~ 16%	0 ~ 5%	20% ~ 25%	24% ~ 26%	10% ~ 15%
B_2O_3	5% ~ 10%	20% ~ 25%	0	0	15% ~ 20%
MgO	0 ~ 5%	0	10% ~ 15%	9% ~ 11%	0 ~ 5%
Na_2O，K_2O	0 ~ 1%	3 ~ 5	0 ~ 1%	0	0 ~ 1%
TiO_2	0	0	0	0	0.5% ~ 5%

　　过去曾有多种增强材料用于电路板，其中相当知名的聚芳酰胺（aramid）纤维纸已不再使用。这种材料由杜邦公司生产，具有不错的特性。它是一种热塑型材料，激光加工特性较像树脂，且因为结构像纸张而不会有玻璃布的交叉点问题。它也具有好的介电常数，在高速线路应用方面具有优势。不过，这种材料的问题之一是吸湿性高，且成本也高。2006 年，杜邦公司决定不再生产这种材料。不过，日本的新神户电机仍然在生产三种不同类型的聚芳酰胺基材与粘结片，并在发展替代材料。图 5.8 所示为聚芳酰胺基材的激光加工效果。

　　除聚芳酰胺外，也有业者采用其他非编织型增强材料，包括切成短纤的玻璃纤维纸与膨胀扩张的 PTFE 交联材料。PTFE 交联材料已经搭配高性能树脂成为商品，商品名称为 GorePly。虽然它有相当优异的电气性能，但非常昂贵，在应用上总是无法突破。

---

① 1cal=4.1868J。

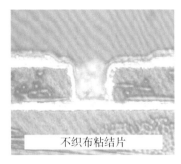

不织布粘结片

图 5.8　聚芳酰胺基材的激光加工效果

5.3　无增强材料

5.3.1　涂树脂铜箔（RCC）

业者期待找到替代玻璃布增强材料的其他介质，以改善激光加工问题（低钻孔质量与长钻孔时间）。另外，纤维材料基本厚度限制了介质层轻薄化的能力，这也是业者想要找到无纤维替代方案的原因。为了克服这些问题，业者以铜箔作为介质载体制作压合材料。电路板制作用的 RCC 铜箔，以卷对卷方式制作，如图 5.9 所示。

图 5.9　RCC 的涂覆

铜箔通过涂覆头后，调配树脂涂覆在经过处理的铜箔上。涂覆过树脂的铜箔经过干燥炉后，部分聚合达到 B 阶段，可在后续层压时再度流动，并填充内部线路，产生结合力。树脂系统常需要做修正，以调整流动局限性，避免层压过程中产生边缘过度溢出树脂的问题。多数 RCC 是以这种方式制作的，但还是有厂商采用不同的方式。其中一种就是两阶段涂覆产品，如图 5.10 所示。

这类产品经过第一次树脂层涂覆后，进入涂覆机做第二次涂覆。在做第二次涂覆时，第一次涂覆树脂已经完全聚合，而第二次涂覆则维持在半聚合的 B 阶段。这种结构的好处是，第一次涂覆结构作为硬质阻挡层，可保证层压过程中的最小介质层厚度。而这种材料的缺点是，产品会比单次涂覆产品昂贵，且填充性略差。

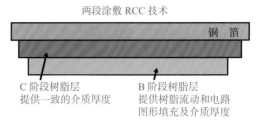

两段涂敷 RCC 技术

铜 箔

C 阶段树脂层
提供一致的介质厚度

B 阶段树脂层
提供树脂流动和电路
图形填充及介质厚度

图 5.10 两段涂覆的 RCC

讨论过 RCC 的优点，再说它在使用上的缺点：缺少增强结构，不利于尺寸稳定性与厚度控制。有另一种新材料可减少这种问题，那就是三井金属所生产的 MHCG ——一种搭配超薄玻璃布（1015 或 1027）与树脂的材料。其玻璃布非常薄，无法直接用传统玻璃布涂覆设备制作成粘结片。这种玻璃布不会明显影响激光成孔，可提供尺寸稳定性，甚至比标准粘结片的表现还要好。目前可得到的最小介质层厚度为 25μm，可制作非常薄的多层板产品。

RCC 的成本是另一个问题，它的成本总是高于与其相当的粘结片 / 铜箔结构。不过，考虑激光加工时，使用 RCC 有可能会让实际制作成本降低。当单位面积内的孔数增加时，激光加工性能的改善可能会平衡 RCC 带来的成本增加。

这几年，为了应对传统粘结片无法用于半加成（SAP）制程的困境，也有材料商开发了另一种类似 RCC 的材料——涂聚合物铜箔（Polymer Coated Foil，PCF）。这种材料的主要用途是搭配传统粘结片，在压板完成后可保证玻璃布表面有一定厚度的树脂。而这种树脂设计可符合 SAP 需求，当层压完成后完全清除板面铜箔，经过粗化、清洁处理后形成适当的表面粗糙度，可做化学沉铜。这样可让一般粘结片用于 SAP 制程，有利于细线路制作。

5.3.2 味之素增层膜

味之素增层膜（Ajinomoto Buildup Film，ABF）是一种非常薄的膜状介质层材料，以环氧树脂 / 酚类硬化剂、氰酸酯 / 环氧树脂与氰酸酯 / 热聚合树脂配制成，环氧树脂也有无卤类型。薄膜（厚 15 ~ 100μm）依靠 38μm 厚的 PET 载体膜支撑，膜面以 16μm 的 OPP 保护膜覆盖。此材料以真空贴膜加工，以特殊水平传动设备处理，典型制程分为以下五步：

◎ 芯板及铜面前处理

◎ 芯板烘干（130℃，30min）

◎ ABF 自动切割，移除表面保护膜并定位

◎ ABF 真空贴膜及金属热压

◎ PET 膜移除与后段聚合（170 ~ 190℃，30min）

味之素增层膜如同液态介质与干膜，需要做半加成金属化处理。关键步骤是除胶渣、溶剂膨松、金属化前处理、后聚合。各家厂商的使用状况不同，配方与版本也有差异。处理条件与步骤直接影响最终的铜箔剥离强度。图 5.11 所示为典型的 ABF 真空贴膜流程。

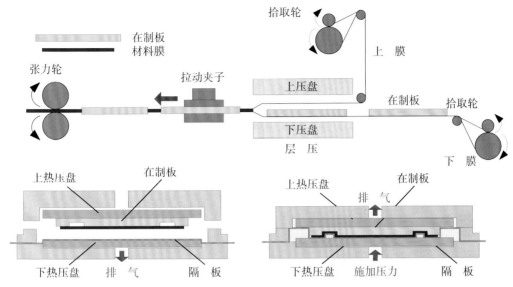

图 5.11　典型的 ABF 真空贴膜流程

5.3.3　液态环氧树脂

液态环氧树脂可有效降低 HDI 产品的成本。它也非常容易做薄层涂覆，让细线制作更简单。这种材料可用丝网印刷、垂直或水平滚涂、挤压涂覆、帘幕式涂覆等方法操作。太阳油墨、东京应化、田村化学、旭电化学材料等公司，都曾经有这类产品销售。

5.3.4　其他介质材料

▌氰酸酯（CE）

$T_g > 200℃$，一般会以接近 100% CE 树脂搭配最小量环氧树脂（结合交联）得到类似 PI 的耐热性；同时提升其电气性能，如介电常数。

▌聚苯醚（PPE/PPO）

以 288 ~ 316℃ 熔点的 PPE/PPO 调和 $T_g > 180℃$ 的环氧树脂，可以得到较高 T_g。这种产品具有优异的电气性能，这源自于它比一般热固型环氧树脂的介电常数与损耗因数低，比 BT 树脂的吸湿性低。它的高熔点与耐化学性，使得除胶渣成了关键制程。

▌双马来酰亚胺 - 三嗪（BT）与 BT- 环氧树脂

BT 树脂的 $T_g > 180℃$，调和各种比例的双功能官能团环氧树脂，可以得到高耐热性、高分解温度、耐化学、良好介电性能的树脂体系。BT- 环氧树脂可用在需要持续高温操作的环境。

▌聚酰亚胺（PI）

$T_g > 220℃$，调和 PI 树脂与环氧树脂或 100% PI 体系设计的材料，可用于高可靠性 HDI 板制造。PI 一般用在相对较差的环境条件下，如极端温度变化的状态。PI 体系也较适用于元件返工。

5.3.5　感光干膜与光致抗蚀剂

感光干膜一度曾被认为是良好的 HDI 板介质材料，因为不需要额外的设备产生微孔。经过验证才知不是这么回事，尤其是负像型感光材料。负像型感光材料靠紫外光能量聚合成永久性介质材料，不感光的干膜区都会被显影。问题出现在涂覆与曝光过程的清洁度上：出现任何灰尘、颗粒、干膜保护层残渣，都可能影响材料聚合而导致空泡等缺陷。为此，操作时可能需要 100 级无尘室——对多数电路板厂商而言，仅维护费用就过于昂贵。目前，全球只有相当少的公司仍然在小量使用这类材料做 HDI 板。光致抗蚀剂也有相同的情况，它们的优势是产生的废材料略少且有厚度控制能力；缺点是需要高精度的涂覆设备，同时也需要相当高级的无尘室环境。

不过，这些年 HDI 产品孔数增长极快，又面临着封装载板需要缩小盲孔的设计要求，不论是从成本还是从制作能力来看，似乎光致抗蚀剂又重新受到了关注，但是否可顺利回到 HDI 技术行列还有待观察。图 5.12 所示为使用光致抗蚀剂制作直径 10μm 微孔的范例。

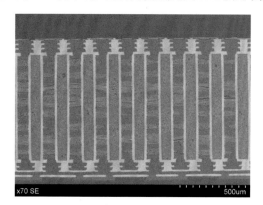

图 5.12　感光成孔范例（来源：Shinko-2014i-NEMI Workshop）

5.4　铜　箔

铜金属是电路板上唯一提供电流导通的材料，传统铜箔的质量、厚度等特性都整理在 IPC-4101、IPC-CF-148、IPC-4562、IPC-CF-152 等标准中。图 5.13 所示为几种用于电路板制作的铜箔晶粒结构。

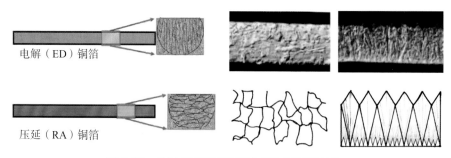

图 5.13　几种用于电路板制作的铜箔晶粒结构

由于 HDI 板需要较薄的铜箔制作细线路，而挠性板铜箔在较薄状态下仍具有效强韧性，因此有业者尝试用这种铜箔制作 HDI 板。

电解铜箔

普遍用于电路板制作的是电解铜箔——通过高纯度硫酸铜与硫酸混合溶液，将铜金属均匀电镀到以钛合金制作的滚筒形鼓上，滚动速度与电流密度决定了最终的铜箔厚度。业者常用的电解铜箔是 HTE（高温延展）性铜箔中的 E 级。这种铜箔在高温下具有较好延展性，可应对无铅组装制程。

压延铜箔

压延铜箔是铜金属经过轧压、卷延后形成的片状材料，最终晶粒结构较浑圆，耐延展，可用于挠性应用。它比电解铜箔的柔韧性好得多。

铜箔的表面轮廓

采用薄铜箔制作电路板，可应对细线路需求。轮廓大幅降低，可改善图形转移能力及提升高频信号传输性能，因为高频信号是沿着金属表面传送的（趋肤效应）。图 5.14 所示为几种 HDI 专用铜箔的轮廓比较。

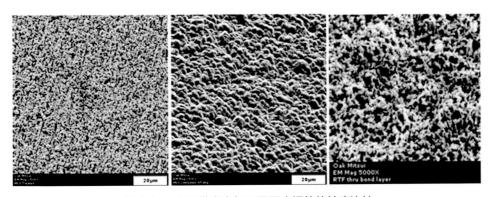

图 5.14　不同供应商与不同厚度铜箔的轮廓比较

铜箔的表面处理

进行结合力或瘤化处理可增大铜箔的表面积，这可通过在铜箔表面电镀铜或化学沉积瘤化物实现。之后可进行耐热处理，如表面电镀锌、镍或黄铜——这些金属一般都处理在瘤化物的表面。这层物质可避免热或化学品在制程中对铜箔与树脂的结合造成破坏。

钝化与抗氧化是常见的铜箔表面处理方法，会在两面施行。以硅烷为主的耦联剂可提高玻璃布与树脂的结合力，也可用于铜箔。鼓面处理铜箔或反向处理铜箔（RTF）都是电镀铜箔，但后电镀处理在平滑鼓面而不是传统的粗糙面。经过特殊调整后，铜箔表面非常平整，是频率高达吉赫兹时减小信号损失的必要特性。图 5.15 所示为铜箔处理后的粗面效果。

图 5.15　低轮廓表面可改善介质层结合力并应对高频需求

▍涂树脂铜箔

对于超低轮廓与超薄铜箔，需要做特殊的铆接与化学处理，且需针对特殊功能性树脂做调整，以改善其剥离强度、与粘结片的结合力。

▍载体铜箔

要制作精细线路，业者研发出了带载体的超薄铜箔。图 5.16 所示为细线路制作专用的载体铜箔，典型厚度有 5μm、2μm、1.5μm 等，这些材料都需要一层载体铜来辅助操作。这类铜箔的主要用途是提供超薄半加成（SAP）制程的种子层，后续会进一步说明。

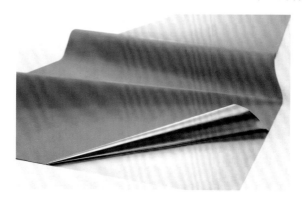

图 5.16　超薄载体铜箔

▍通过减铜制作薄铜

在基材面做蚀刻减铜也可获得薄铜。业者常选用 17μm 铜箔做这类处理，因为本身成本较低，也不会有针孔问题。以特殊蚀刻液与设备可顺利减铜，硫酸 - 过氧化氢是常用的蚀刻液。蚀刻后铜厚可降到 9 ~ 12μm。若尝试控制到 5μm 或更薄，这种方法的风险性就较高，有可能露基材。

采用薄铜箔都是为了能制造精细线路。三井金属的案例如图 5.17 所示，在超薄铜箔上进行图形电镀，若电路厚度在 10μm 下，可利用快速蚀刻得到 8μm 的线宽 / 间距。

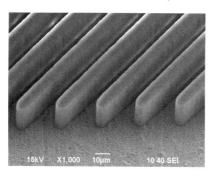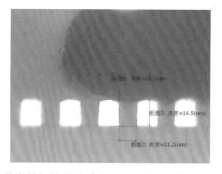

图 5.17　用超薄、超低轮廓铜箔可制作非常精细的线路（来源：三井金属）

5.5　埋入式电容材料

电路板电气性能的挑战在于，如何安排电源分配网络（Power Distribution Network，PDN），以应对高频信号的上升时间特性。一个关键是减小电源与接地平面间的距离，让电源网络阻抗维持在低水平。另一个关键是让个别元件的回路电感降到最低，优化电源分配网络。典型电路板的电源分配网络，包括电源开关、大去耦电容、高频去耦电容、内层电源与接地平面等。

使用超薄高介电常数的介质层，可大幅提升电源分配网络效益。标准 FR-4 材料多数限制在 2mil 厚度，其 D_k 值多数接近 4.0，而电容密度只有 49 ~ 68pF/cm^2。更薄的介质层（< 25μm）材料，特别是填充特殊高介电常数的陶瓷颗粒材料，如钡钛酸盐，一般用于电源分配应用中的高频产品设计。使用这类薄介质层板做去耦设计，可能会涉及 SANMINA-SCI 专利而需要取得授权。

有些超薄埋入式电容基材，其介质层厚度已经达到 8 ~ 14μm，D_k 可达 40。就整体而言，这些特性可让材料的电容密度达到 0.3 ~ 3.6nF/cm^2。部分埋入式电容材料清单见表 5.3。

表 5.3　部分埋入式电容材料

供应商商标	MGC CRS-760	Sanmina EmCap	Rohm Haas Insite	DuPont HiK	DuPont Interra EP310
介质材料	BaTiO$_3$/ BT 树脂	BaTiO$_3$/ 环氧树脂	BaTiO$_3$/ 陶瓷	BaTiO$_3$/ 聚酰亚胺	BaTiO$_3$/ 陶瓷
厚度 /μm	50	100	5	25	16 ~ 20
D_k	40	36	500	11	2000
D_f	0.031	0.06	0.02	0.01	0.025
电容密度 / (nF/in^2)	10	2.1	60	1.5	600

个别材料用于高速数字电路去耦时，可获得不少好处：

◎ 减小电源分配网络的阻抗

◎ 阻断电路板的共振

◎ 降低电源平面上的噪声

◎ 减小辐射干扰

◎ 有可能取代大量的分立电容

◎ 有可能取代分立 SMT 滤波电容

较低频率下，表面去耦可让传输阻抗有效维持在低水平。但较高频率下，薄材料的电感较小，有更好的工作性能。当频率增大并通过共振点时，薄介质层阻抗较小，这源自于其有较小的电感。采用两对相同绝缘厚度的平行电源 / 接地平面时，较高 D_k 的材料有较低的阻抗。

除了能减小电源分配网络的整体阻抗，使用薄介质层还可减少两平面间出现的共振现象。较高 D_k 的材料的共振较小，但也会将频率朝较低方向推。而较薄的介质层的噪声明显较小，这可以通过观察材料的眼图来判定。

减小电磁干扰

当共振在网络中出现时，能量常从电路板终端逃出，或者使部分元件进一步成为天线，导致电磁干扰（EMI）。当频率提升时，辐射将成为大问题。有迹象显示，减小电源分配网络内的噪声，可让 EMI 减小。

替代分立去耦电容

以薄介质层改善电源分配网络时，可移除电路板表面的分立电容，进行恰当的设计仍可维持既有性能，甚至得到更好的性能。薄的电源、接地层介质的电感较小，可部分取代表面去耦电容。为提高无源元件的集成性，业者也加入了特定值的埋入式电容来提升功能。

高 D_k 材料已被用来制作小电容（1 ~ 20000pF）。这些电容可利用任何空区制作成各种形状。使用先进的设计软件，可将这些埋入式元件配置到电路板内。个别电容参数可参考图 5.18。

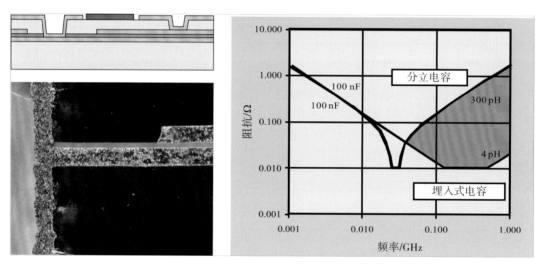

图 5.18　OEM 公司以埋入式电容部分取代分立 SMT 电容

HDI 是一种帮助埋入式电容可用面积最大化的技术，同时可以让孔的电感维持在最低水平，也可改善电容性能。埋入式电容与 HDI 是互补技术，在 HDI 板上使用薄的介质层可让优势最大化，如较薄的电路板与封装。也因为微盲孔的优势，最终产品外形可以变小。

第6章

HDI 板制程概述

6.1   HDI 板的过去

HDI板实际开始发展的时间大约在20世纪80年代，当时的主要目标是缩小孔的尺寸。最初成孔的想法已不可考，不过目前主要使用的激光成孔技术，在 20 世纪 70 年代就已用于大型计算机的多层板制作。当时的孔没有目前 HDI 板的孔这么小，且是直接在 FR-4 材料上生产，难度和成本都相当高。

20 世纪 80 ~ 90 年代，HP 曾经利用加成、顺序层压技术制作类似的电路板，之后日本 IBM 的 YASU 工厂以表面层合电路（Surface Laminar Circuits，SLC）技术生产 HDI 板，瑞士 Dyconex 公司也开发出 DYCOstrate 技术。

IBM 在 1991 年导入 SLC 技术，并发展出许多变化，用于 HDI 板的制作。虽然它是较有历史，不过要选出众多技术中的胜出者，就不得不正视量产激光成孔技术。其他方法虽然仍被电路板厂使用，但规模还是小得多。

目前多数业者都以激光成孔技术为重，它是目前普遍使用的技术，且未来仍有相当大的成长性。另外该留意的是，成孔不过是 HDI 技术的一部分。以微孔技术制造 HDI 板，还包含许多传统电路板不常见的制程。

6.2   普通 HDI 板增层技术

采用传统方法电镀，仍是目前业界普遍采用的 HDI 板制作技术，典型流程如图 6.1 所示。这种 HDI 板大致沿用了传统电路板想法，在传统板上构建出增层结构。图 6.1 所示的制作程序，首先是完成传统电路板——可以是双面板或多层板，不论有无通孔结构——这就是前文所述的芯板 N。在芯板上制作出新的介质层，可采用层压或涂覆方式，也可用开铜窗结构或全裸树脂结构。

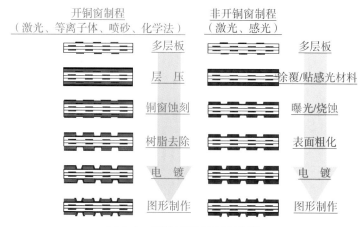

图 6.1   普通 HDI 板制作流程

图 6.1 左侧的流程被归类为开铜窗制程，因为它用铜窗进行树脂的选择性移除，利用材料特性来区别移除材料。根据不同的介质材料特性，可采用激光、等离子体、喷砂、

化学处理等方式选择性移除，移除区域会集中在开铜窗区域。

图 6.1 右侧的流程被归类为非开铜窗制程，因为介质移除是开放式的，所以去除过程必须确保精确选择性。典型做法以激光、曝光显影和固化为主，树脂类型也随制程不同而不同。

完成微孔后，开铜窗结构的电路板可进入金属化与电镀等工艺流程。所制作出的线路，结合力以原始铜箔粗糙度为基础，金属化的工艺范围较宽，操作宽容度也较大。

对于全树脂面，因表面完全没有金属，所以必须先建立种子层作为导电基础，之后再利用电镀法制作线路。一般而言，有铜箔的好处是剥离强度稳定性较高，但细线路制作能力略弱。全树脂面则相反。

HDI 板的发展初期，有不少技术与想法被提出，有案可查的就有近百种。但因为制程兼容性及专利问题，到目前为止与传统电路板相近的做法仍然是业界主流。也曾经有部分公司提出专利证明，要求对制程收取专利使用费，但这种结构早在集成电路中出现过，最后并未在实际产业中出现使用权争端，因此普及性更高。

1998 ~ 2000 年，随着激光成孔技术逐渐成熟，这类产品以激光技术制作微孔的比例大幅提升，HDI 板顺利进入量产阶段。

6.3 HDI 板制造的基础

HDI 板制造与传统电路板制造的主要不同在于介质层形成、成孔、金属化，笔者尝试对这些技术的梗概陈述如下。

6.3.1 介质材料

有关 HDI 板制作的主要材料特性在第 5 章已做概略解说，在此针对 HDI 板的介质材料、微孔制作、导体材料做综述性讨论。这些材料中的部分可以同时用于 IC 载板与 HDI 电路板制作。依据应用的不同，可选择适当的介质材料。制造过程中应该关心的问题，简单整理如下。

◎ 粘结片是否与芯板材料的特性兼容？

◎ 粘结片与铜箔是否有足够强的结合力？（OEM 期待剥离强度大于 6lbf[①]/in）

◎ 介质层是否足以提供金属层间绝缘性与可靠性？

◎ 是否符合热特性需求？

◎ 介质材料是否有够高的 T_g，以应对键合与返工？

◎ 多层结构是否可通过热考验（如漂锡、加速热循环、多次回流焊）？

◎ 是否可电镀产生可靠微孔，且确保孔底电镀质量良好？

业内有九种常用介质材料被用于 HDI 板制造，IPC-4101B 与 IPC-4104 包含其中的多数。但材料持续发展，必定会超出 IPC 标准的陈述。该标准陈述的典型材料如下：

---

① 1lbf = 4.45N。

◎ 感光液态介质

◎ 感光干膜介质

◎ PI 挠性材料

◎ 热聚合干膜

◎ 热聚合液态介质

◎ 涂树脂铜箔（RCC）

◎ 传统 FR-4 芯板及粘结片

◎ 可激光加工的粘结片

◎ 热塑型树脂

这类树脂、增强材料的特性如图 6.2 所示。

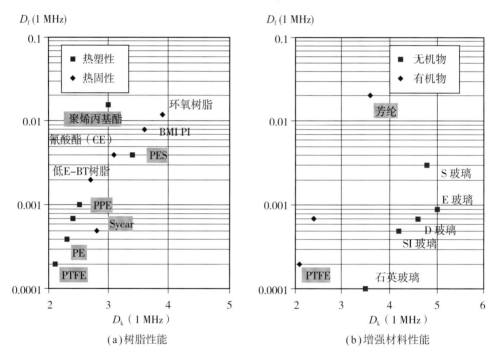

(a) 树脂性能　　　　　　　　　(b) 增强材料性能

图 6.2　依据介质损耗因数（D_f）与介电常数（D_k）来选择树脂、增强材料（来源：*HDI Handbook*）

选择介质材料时，要考虑成孔（导通）方法。图 6.3 所示为 HDI 技术的十种成孔法。

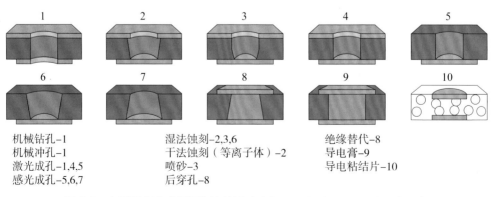

机械钻孔–1　　　　湿法蚀刻–2,3,6　　　绝缘替代–8
机械冲孔–1　　　　干法蚀刻（等离子体）–2　导电膏–9
激光成孔–1,4,5　　喷砂–3　　　　　　导电粘结片–10
感光成孔–5,6,7　　后穿孔–8

图 6.3　十种垂直孔（导通）连接法（来源：IPC-2315、IPC-2226）

表 6.1 呈现了四种基本的表面微孔介质结构，及其对激光、机械、感光、等离子体成孔及其他方法的兼容性。尽管激光成孔法可搭配所有的四种介质结构，但感光成孔与等离子体成孔却只能应对其中一两种结构，这也是目前激光成孔广泛应用的原因之一。若另一个线路层被构建在现有微孔上，则这些孔就变成了埋孔（BVH）。

表 6.1　四种表面微孔介质结构与各种成孔技术的兼容性

	标准结构 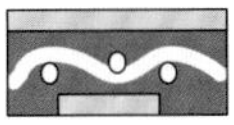	RCC 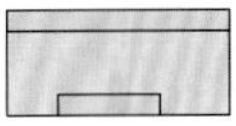	热聚合树脂 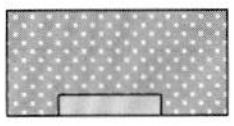	感光树脂 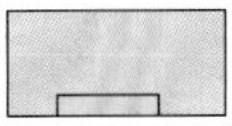
CO_2 激光	○	○	○	○
UV 激光	○	○	○	○
机械钻	○	○	○	○
感　光	×	×	×	○
等离子体	×	○	○	○
绝缘替代	○	○	○	○
化学蚀刻	×	○	○	○

注：○可行；×不可行。

6.3.2　互连成孔

现在讨论各种可用的成孔技术。机械钻孔可制作直径小于 0.10mm 的孔，但成本却使得这种技术难以为继。对于直径小于 0.10mm 的孔，激光成孔与其他成孔技术就较有成本优势。有七种不同的方法可用于 HDI 板微孔制作，激光成孔是最普及的一种，但其他六种也有人使用。

◎ 激光成孔
◎ 机械钻孔
◎ 感光成孔，在感光介质上定义出孔
◎ 等离子体成孔
◎ 以导电膏取代导通位置的介质材料
◎ 通过图形转移、电镀、蚀刻制作实心通路
◎ 工具膜

部分微孔技术始于芯板——它可能是带有电源层与接地层的简单双面板，也可能是搭载信号层与电源层、接地层的多层板。芯板常含有镀覆孔（PTH），这些孔都将成为埋孔（BVH）。这些成孔技术都有最小制作尺寸限制，同时也有相当大生产率差异。

6.3.3　金属化

成孔的最终制程是金属化，有如下五种主要微孔金属化方法被用来制作 HDI 板：

◎ 传统化学沉铜与电镀铜，如图 6.4（a）所示

◎ 使用传统的导电石墨或其他高分子材料，如图 6.4（b）所示

◎ 全加成与半加成化学沉铜，如图 6.4（c）所示

◎ 使用导电膏或油墨，如图 6.4（d）所示

◎ 采用实心金属导通结构

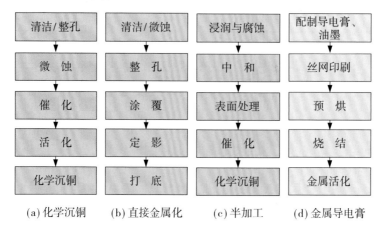

图 6.4 四种典型的微孔金属化方法

6.4 HDI 成孔技术概述

目前普遍使用的技术还是激光成孔，它源自传统机械钻孔的概念，只是增加了额外设备。

6.4.1 激光成孔

激光成孔是目前普遍使用的 HDI 板加工技术，其速度取决于激光技术与介质材料。曝光显影、化学蚀刻、等离子体蚀刻、喷砂等确实是速度更快的成孔技术，但受限于材料及其他工程限制，不易普及。

激光成孔是相当老的微孔制作技术，可用的激光能量波长从红外线到紫外线区。激光成孔以程序规划光束的尺寸与能量。高能量光束可切割金属与玻璃，低能量光束可去除有机物但不损伤金属。光束的光斑直径，可小到约 20μm。

激光普遍用于要进行电镀、导电膏填充的微孔。激光可切除介质材料，同时可在接近铜金属时停滞，是制作深度控制盲孔的理想工具。常用的激光源为 CO_2 或 UV 激光，因为它们成熟且已商品化。使用 CO_2 激光在环氧树脂基材上钻孔，进行开铜窗法加工时，该区的铜箔要事先去除。若想进行直接铜面加工，则铜面必须做黑化 / 棕化处理，以提高铜箔的贯穿能力。早期的 CO_2 激光主要用于无玻璃布增强的材料，但随着后期材料改善与激光技术进步，这些瓶颈被逐步解决。

以激光制作微孔时，细节变化相当多，须充分考虑设备与材料的适配性，找到较适当的方法。不论使用何种激光源与加工模式，使用传统基材时，打通铜与玻璃纤维的相对速度一定较慢。激光成孔需要考虑的因素：位置精度、孔径均匀性、微孔圆度、介质

层聚合后全板尺寸稳定性、温湿度变化对全板尺寸的影响、曝光对位精度、底片尺寸稳定性等。这些因素都要小心监控，它们都会对整体微孔制程产生直接影响。

6.4.2　机械钻盲孔

机械钻孔是相当传统又普及的成孔方法，但也有许多应对小于 0.20mm 孔径的微孔需求的新设计推出，而盲孔、埋孔、微孔的普及速度也在加快。机械钻孔是一种各向异性加工法，即孔壁是上下平直的。

许多非钻孔工艺是各向同性的，就是垂直向与侧向在成孔过程同时产生退缩，以至于产生的孔壁有斜度或孔形扩大。孔口较大有利于金属化，但孔内部扩大不利于金属化处理，其对孔壁铜厚与后续电路板可靠性都有重要影响。

为了充分利用电路板空间，传统电路板采用顺序层压制作，但密度与性能跟不上 HDI 板。某些厂商为了制作高质量盲孔，也尝试制作特殊钻头进行机械钻盲孔。不过，这种加工方法因成本高而不普及，后续内容中会再说明。图 6.5 所示为深度控制机械钻孔制程与顺序层压机械钻孔制程的对比。

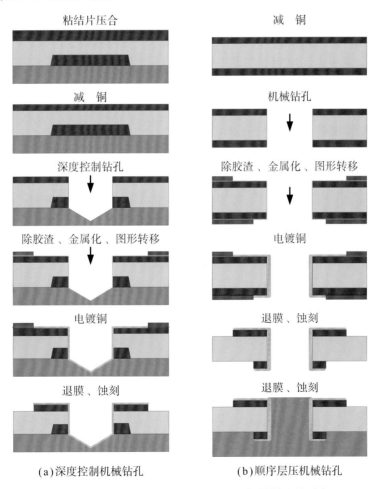

(a)深度控制机械钻孔　　　　　(b)顺序层压机械钻孔

图 6.5　深度控制机械钻孔与顺序层压机械钻孔的对比

6.4.3　感光成孔

感光成孔是传统微孔制作技术之一，在 1983 年就已经提出了专利申请。制程从芯板开始，先做介质材料涂覆。铜面经过结合力改善前处理，才能确保铜面与介质材料良好结合。目前，很少有厂商用黑化做前处理，而普遍采用超粗化处理。利用特殊蚀刻让铜面具有较细密的凹凸面，是典型的微孔制程前处理。

介质层树脂在涂覆或层压后呈半聚合，只做到挥发物排除和不黏状态，之后孔与特定外形都靠曝光显影制作。一般曝光显影可形成微孔，同时介质层在完成后会做完全聚合。典型的作业参数为 160 ~ 180℃烘烤约 1h。之后全板进入高锰酸盐制程，去除孔底残留树脂的同时产生微孔隙表面，作为后续金属处理锚接的基础，确保后续的电镀铜达到期待的剥离强度。

至于剥离强度，对于芯片封装载板，最低要求约为 0.6kgf/cm；但对母板特别是手机板，业者希望达到 1.0kgf/cm 以上，以承受较严的跌落试验的考验。激光成孔材料都会产生较高的剥离强度，因为可在介质层树脂中加入较多填料。做除胶渣处理时，填料会产生较大微孔隙，这样就可产生较大的剥离强度。

经过高锰酸盐处理后，全板会做催化与金属化处理，在化学沉铜与全板电镀线中沉积足够的铜厚。目前，因为材料特性，也有某些厂商采用等离子体除胶、溅镀金属法建立种子层。部分感光成孔制程刻意以机械方法粗化树脂表面，之后以干膜覆盖、蚀刻法制作线路。有些制造商倾向于使用图形电镀法，部分 HDI 板制造商还使用直接电镀法先做孔金属化，再做电镀。几个日本厂商用全化学沉铜法将沉积到期待的铜厚，之后利用正像型电泳法制作细线与非常小的孔环。

6.4.4　等离子体成孔

微孔板制造的重要步骤之一是选择介质层树脂，不论制程是感光成孔还是激光成孔，步骤都一样。不过，这种制程在做金属化前会经过催化处理，将催化剂（一般是钯）吸附在微孔隙表面。当线路制作完成后，残留的催化剂要去除，否则对于细线路会产生电子迁移问题。这类制程，一般业者当作商业机密处理。

感光成孔制程目前主要用来制作半导体芯片的封装载板，因为大量孔可在一次曝光中形成。不过如前所述，感光成孔制程会受到聚合材料收缩之害，这种问题比激光成孔制程树脂已经聚合完成更严重。同时，孔位也会随机移动，让后续曝光对位产生困难。

因为此问题的存在，感光成孔使用者都会限制生产尺寸，维持在大约 400mm × 400mm——这远小于一般正常量产的电路板生产尺寸。多数封装载板厂商过去都以激光成孔为主，因为激光成孔速度与资源都已大幅优化。感光成孔制程目前只有日本的少量厂商使用。不过，最近又因为微孔加工能力达到 40μm 以下孔径，激光加工能力与成本上升又让感光成孔再受关注。感光成孔、等离子体成孔的典型制程如图 6.6 所示。

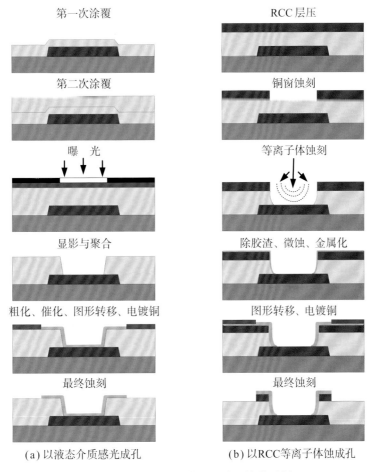

图 6.6　感光成孔、等离子体成孔的典型制程

感光成像介质（Photo Imageable Dielectric，PID）技术过去曾经被用来制造 HDI 板与 IC 封装载板，用于计算机、通信设备与消费性电子产品。不过如前所述，目前使用比例相当低。最近为了超微孔应用，又有厂商尝试用感光 PI 成孔，这方面的发展值得观察。

感光成孔是以图形转移技术形成微盲孔，让线路层间的介质材料产生通路。以曝光技术让全板微孔同时在板面形成，并不会因为孔数增多而增加成本。使用这种技术的优势是，可应对高孔密度应用。

典型感光介质材料分为液态与干膜两类，多层芯板的典型 PID 成孔制程如图 6.6（a）所示。这类制程，不论用液态材料还是干膜材料，曝光技术都一样。不同感光材料配方，会产生不同的孔壁轮廓，差异在于孔壁倾斜度。倾斜盲孔有良好的孔壁电镀覆盖性；较直微孔有利于微孔设计，底部承接焊盘直径也可设计得较小。

液态感光材料需要涂覆。典型的涂覆设备有帘幕式涂覆机、挤压式涂覆机、滚涂机、丝网印刷机等（要搭配适当的烘箱），整平设备有压平机、磨刷机、砂带机等。整平是为了提高聚合后的感光材料表面平整性，以得到细线路制作所需的图形转移表面。液态感光材料涂覆会顺着下方线路高低起伏，产生不均匀、不平整的表面。不过，也有液态材料具有自我整平特性，不需要再做平整化处理。

使用干膜材料仅需要单一设备——真空贴膜机。真空贴膜机在一般电路板厂并不常见，不过这类设备的单机成本比一条涂覆线便宜一点。干膜有较好的平整度，一般不需要特别整平处理；同时，由于溶剂含量低，收缩率也低。不过，为了进一步提升平整性，目前多数生产厂商还是会在真空贴膜后加一道低压整平。若电路板设计规则宽松，工作尺寸可放得较大；若设计规则较紧，则要缩小工作尺寸，这样才能获得大生产率、低成本与高良率。

6.4.5 等离子体成孔技术

知名的等离子体成孔技术 DYCOstrate，其制程中有不少变数，图 6.6（b）所示为其中的一种流程。目前，这类技术被用于制作小量的高端挠性板、刚挠结合板。制程之初会先以化学蚀刻开铜窗，然后施加等离子体蚀刻，贯穿限定的开窗。开窗外形决定了成孔后的大致形状，孔的立体形状呈碗形。

问题是，究竟能制作多小的微孔？制作完成的孔，孔边会悬铜，若保持这种状态做全板电镀，成品的可靠性会很差。因此，要确保电镀孔的可靠性，需利用第二次蚀刻来处理掉这些悬铜。处理过程可带来部分好处：蚀刻的同时可减小表面铜厚度，有利于细线路制作。

采用等离子体成孔技术可有效制作挠性板通孔，可利用双面等离子体蚀刻从两面同时成孔，以减轻孔壁侧蚀和悬铜状态。等离子体孔蚀刻源自传统等离子体除胶渣，要合理配置不同的气体、电磁控制、设备框架。等离子体机在局部真空下作业，其舱体内填充混合氧、氮、四氟化碳等气体，利用微波产生等离子体，并利用特殊低频波进行快速有机蚀刻。

6.4.6 贯穿介质材料的制程

三种典型干式金属化处理法：贯穿介质材料、填充导电油墨、填充导电膏。贯穿介质材料的制程技术，是以导电膏印刷在铜箔上并做局部聚合。导电膏形成的定点尖点在层压时贯穿透过粘结片，进而与贴合铜箔产生通路，如图 6.7（a）所示。

导电油墨成孔是以图形转移、激光贯穿产生微孔的材料，之后做介质材料导通的HDI 板。贯穿介质材料后，利用导电油墨填充、金属化等做出导电通路。表面金属化可以靠层压铜箔到介质表面或化学沉铜实现。简单制程如图 6.7（b）所示。

标准 HDI 板制程的关键在于图形转移与金属化，不过实心导电膏孔着重于降低制程成本，如激光成孔、电镀、蚀刻等。某些制程采用感光介质同时做出孔与线路通道，之后利用导电油墨填充。这些方法可免除部分介质制作、金属层电镀、蚀刻等复杂流程，将电镀、蚀刻、线路处理等在较短制程内完成，也避免了线路制作前后必要的光致抗蚀剂涂覆、剥除等工作。同时，导电油墨填充用于金属化，可直接避免产生金属废水的问题。

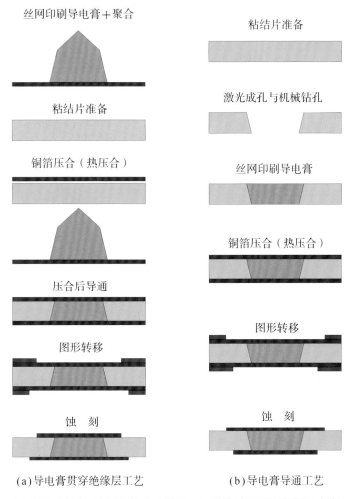

丝网印刷导电膏+聚合

粘结片准备

粘结片准备

激光成孔与机械钻孔

铜箔压合（热压合）

丝网印刷导电膏

压合后导通

铜箔压合（热压合）

图形转移

图形转移

蚀　刻

蚀　刻

（a）导电膏贯穿绝缘层工艺　　　　　　（b）导电膏导通工艺

图 6.7　以导电膏制作的实心微孔：在微孔位置丝网印刷导电膏

6.4.7　以感光或蚀刻制作实心通道

实心通道可以利用光致抗蚀剂定义孔位后电镀实现，或以光致抗蚀剂保护孔位，将不需要区域的铜蚀刻清除。不论用哪种方法，最终会得到需要的导通实心凸块。其实这已经是相当老的微孔板制作法，早在 20 世纪 80 年代美国就有类似产品，不过当时主要用于 PI 类树脂板的制作。

电镀或蚀刻的实心铜导体通道，可认定为较新的 HDI 结构。图 6.8（a）所示为蚀刻导通的电路板。这种结构的制程特殊，导通并不依赖钻孔。它需要利用新材料——两面铜箔一厚一薄，中间有抗蚀层的三明治结构。

先在较厚铜面做图形转移、蚀刻，形成互连通道凸块，紧接着以干膜、粘结片或液态介质填充。这些材料会与铜箔聚合。然后，对铜箔做图形转移，制作双面线路。这些成对线路可做测试，之后与其他未聚合材料堆叠，最终形成多层板。这类技术如 ALIVH，可制作随机层数连接结构，其简单制程如图 6.8（b）所示。

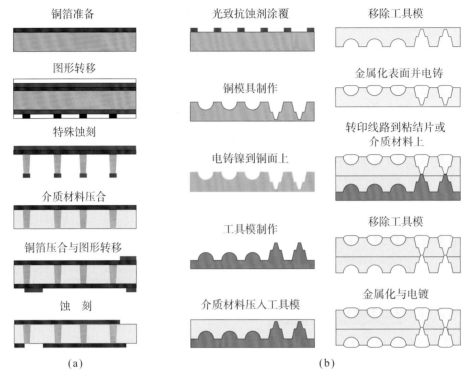

铜箔准备

图形转移

特殊蚀刻

介质材料压合

铜箔压合与图形转移

蚀刻

（a）

光致抗蚀剂涂覆

铜模具制作

电铸镍到铜面上

工具模制作

介质材料压入工具模

移除工具模

金属化表面并电铸

转印线路到粘结片或
介质材料上

移除工具模

金属化与电镀

（b）

图 6.8　实心铜通道可通过蚀刻实体铜（a）或工具膜压印（b）制作

6.4.8　工具膜图形转印

工具膜图形转印，是一种用来制作光盘的技术，不会用到光致抗蚀剂、对位或传统技术。每片电路板都利用模具压印，每个单元都可单独制作结构加成板。其外形特殊，具有成千上万的微米级凹槽或孔。这种制程相当简单，可利用精良的母模制作便宜、高精度的电路板。这种特殊制程仍然在实验阶段，实际应用还有待仔细评估。图 6.8（b）所示为这种压印线路的结构。

这种电路板的结构特性是，所有线路都埋入电路板。转印或封胶材料是关键介质，用于密封元件的含长纤维的封胶材料十分适合这类应用。这类材料可搭配 FR-4 材料做背板，也可单独使用。转印线路的截面外观类似光盘，非常像一般的压印。所有区域都经过金属化，但孔位置较深，可让孔连接到下一层线路。

可利用机械或化学方法制作工具膜，因为只需要一片母膜而不用再花时间检查图形的完整性。利用激光可实现完美的焊盘与孔对位，即便无孔环对位也没问题。这个母模可利用镍电铸制作，之后以填充热固性材料制作图形并聚合。电路板可用全加成或半加成金属化处理，之后电镀加厚。凹陷部分可用光致抗蚀剂填充，暴露在表面的光致抗蚀剂可利用抛光或研磨处理。暴露的铜会被蚀刻掉，之后将光致抗蚀剂溶解即可。整个制程不需要涂覆光致抗蚀剂、曝光或对位，因此可期待高良率。图 6.9 所示为这种做法的一种线路范例。

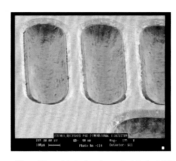

图 6.9　利用简易模具转印与金属化技术制作的转印线路

6.5　知名的 HDI 技术

笔者一直有搜集技术资料的习惯，也较倾向不分领域地将可互连技术整合在一起。这有助于形成新想法，因此本节内容将根据部分厂商技术的特性，做简单的介绍与陈述。

6.5.1　IBM 的 SLC 技术

IBM 提出过数种 HDI 技术，其中以 SLC 技术最知名，原因在于这种技术促进 HDI 板逐渐进入了应用阶段。20 世纪 90 年代末，日本 IBM 的 YASU 工厂开始做超薄移动电子产品开发，因此引用图形转移技术制造微孔。其简单制程如图 6.10 所示。

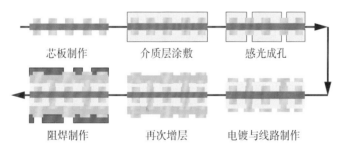

| 芯板制作 | 介质层涂敷 | 感光成孔 |
| 阻焊制作 | 再次增层 | 电镀与线路制作 |

图 6.10　SLC 的简单制程

HDI 板发展初期，微孔技术尚不成熟，因此 IBM 利用阻焊将特殊感光油墨涂覆在芯板上，进行感光成孔。一次曝光形成所有孔，有利于高孔密度电路板的制作，且不会有成孔费用增高问题。知名笔记本电脑 Think Pad 的 HDI 板就是用这类技术生产的。

由于采用油墨涂覆制作介质层，因此树脂填充性、膜厚及平整度控制较麻烦，物理性能也不理想。另外，由于油墨感光成孔后必须做烘烤硬化，微孔尺寸与位置会再次变化，变化也不规则。这种特性使图形转移对位困难，也要求设计规则提供较大的孔环公差。由于油墨是感光型材料,吸湿性一般都会较高,这多少会影响产品后续电气性能及可靠性,也是材料开发者最不易解决的问题。

完成微孔后，表面完全没有金属，必须进行全面金属化。为了做出较平整的树脂面，业者也尝试用磨刷做树脂面整平。通过磨刷提高树脂面平整度，避免因平整度不佳而产生曝光分辨率问题。另外，为提升金属结合力，也必须做介质层表面粗化处理，以提高后续金属结合力。典型做法是以除胶渣做表面粗化，建立表面应有的粗糙度。粗糙度会直接影响后续金属层结合力，粗糙度大会有较好的结合力，但 HDI 板的介质层厚度较小，处理过度或树脂厚度不均匀会有层间短路的风险。图 6.11 所示为经过除胶渣处理的树脂面。

处理过的树脂面再做化学沉铜，产生一层导电层后，就可做全板电镀增厚或图形转移加图形电镀。之后做线路蚀刻，完成一层线路制作的循环。若要做下一层，重复制程即可。这种做法是顺序制程，欧美人士称其为"顺序增层"（Sequence Build Up，SBU）。图 6.12 所示为采用典型 SLC 技术制作的 HDI 板。

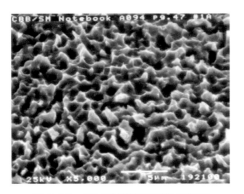

图 6.11　经过除胶渣处理的树脂面

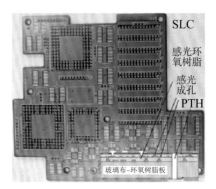

图 6.12　采用典型 SLC 技术制作的 HDI 板（来源：*HDI Handbook*）

这种 HDI 板制作技术目前仍有部分厂商沿用，但在整体 HDI 板市场的占比不高。原因在于树脂开发与改进难以跟上实际产品需求，又要兼顾感光性及最终材料特性，这些都不易同时达到良好水平。尺寸控制方面，先成孔后烘烤，也如前所述，确实不利于位置精度控制。材料成本也是大问题，感光材料相较于纯热固性树脂材料，成本控制当然更难。

激光技术逐渐成熟，微孔成本不断下降，材料商逐渐以热树脂制作涂树脂铜箔（Resin Coated Copper，RCC），或用激光加工粘结片搭配层压制作 HDI 板。这种做法不但可避开感光树脂的问题，且铜箔剥离强度也较易控制。材料普及后，制作技术逐渐兼容且成本下降，取代了初期的感光成孔，成为 HDI 板的主要制作技术之一。虽然因超微孔需要而有新感光成孔材料（PID）发布，不过是否恰当仍待观察。

6.5.2　松下的 ALIVH 技术

通孔填孔已在陶瓷基板上应用了许多年。塑料基板制作领域也有所谓的"银浆贯孔技术"，用于一般单面板、双面板的制作。日本松下公司引用这种技术，将导电膏填孔结构用于 HDI 板的制作。这种技术的结构弹性大，有利于电子产品快速设计，是 HDI 技术中颇知名的一种。其一般性制程如图 6.13 所示。

制程始于粘结片贴保护膜，之后用固定框固定，做激光成孔。由于加工的是通孔，速度极高，并不需要太精准的能量控制。这时材料处于未聚合状态，还可作为黏合材料。

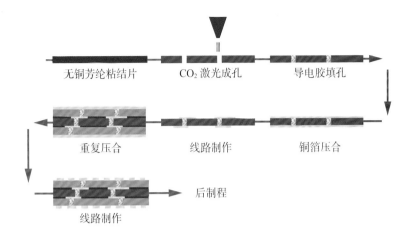

图 6.13　松下的 ALIVH 制程

激光打通粘结片后，以慢速印刷直接做激光孔导电膏填充——因为事先已经有保护膜隔离，粘结片表面不会受污染。完成导电膏填充后，就可以做薄铜箔的层压，并做出内层线路。因为采用的是薄铜箔，可以采用直接蚀刻制作线路，但线路制作能力却不低，许多设计都可做到 50 μm/50 μm 或更小的线宽 / 线距。

接着，继续下一层线路的制作。在内层板两侧贴上另两片填充导电膏的粘结片，再次层压就可形成六层板结构。理论上这种制程可继续重复，如此可做出各种叠合结构，只是作业中应尽可能对称配置，以减少板翘问题。

当然，也可分别完成多张双面板，再加入层间粘结片，层压形成多层板。在这种做法中，双面板可先做检验修补，再一次层压成产品，因此良率相对较高。也有人用传统芯板与这种技术组合，做出不同结构的电路板。因为所有线路层都可随意连接，结构密度可做得非常高。过去日本的移动电子产品，有相当比例的采用这类技术的 HDI 板。不过，松下高层检讨策略后认为这些电路板厂的效益不理想，最终结束了其营运，相当可惜。

因为只要重复简单的激光成孔、导电膏填充、层压、线路制作等，制程内并不使用镀覆孔连接，线路也仅以单纯蚀刻完成，因此制程简单、污染少、效率高。又由于孔内是以导电膏作连接的，电路板表面不会看到孔的痕迹，因此可节省布线空间。若蚀刻精度控制得当，细线路制作能力仍能保持一定水平。图 6.14 所示为采用典型 ALIVH 技术生产的 HDI 板。

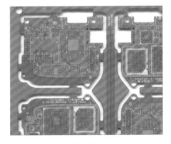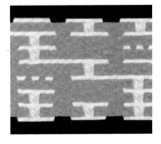

图 6.14　采用典型 ALIVH 技术生产的 HDI 板（来源：Matsushita）

由于这类电路板表面完全看不到孔的痕迹，整片电路板是平坦的，所有 SMT 元件都可组装在任何位置，而不必考虑吞锡问题。也因为这种特性，HDI 板的线路设计不需考虑孔环边缘公差，可将孔环缩小到可接受的最小范围，节省几何空间的占用率。此类技术的缺点是必须采用指定的粘结片材料，虽然可获得较好的尺寸稳定性，但不利于成本控制。

这种技术属于专利，同时生产需要相当高程度的自动化设备能力。因此，即使取得了授权，也不易自行发展。若要大量生产，势必要同时引进相关设备，这也使得这类技术的发展受限。某些公司也将类似技术与传统电路板技术组合应用，形成一次层压制程。这成了导电膏型电路板最具代表性的技术之一。

6.5.3　东芝的 B^2IT 家族技术

日本东芝公司为节省钻孔成本，利用导电膏免电镀制作 HDI 板，发展了第一代内埋凸块技术 B^2IT（ Buried Bump Interconnection Technology ）。有人将该技术读为"B-two-I-T"，也有人将该技术读为 "B-Square-I-T"。其制程如图 6.15 所示。

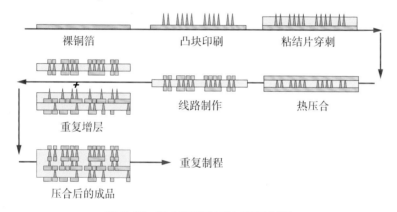

图 6.15　日本东芝公司的 B^2IT 制程

先将导电膏印刷在铜箔或内层板上，形成圆锥凸块。依所需介质层厚度，反复印刷 2 ~ 5 次，将导电凸块建立到需要的高度。接着，将导电膏烘干，强化硬度并稳定形状。之后，利用此硬度贯通粘结片，再叠上铜箔进行热压合。

由于此时导电膏仍处于半聚合状态，层压后不但粘结片会熔融聚合，导电膏也会软化并填充空隙。重复此制程数次，即可做出多层板。图 6.16 所示为典型 B^2IT 产品的截面状况及凸块穿刺前后的状态。

本节之所以会称其为"家族技术"，是因为这种技术有许多变形做法。日本有所谓的"B^2IT 技术联盟"推广这种技术，并在每年的 JPCA（日本电子封装与电路协会）展上专门展出最新技术。由电路板截面看，此技术形成的结构和 ALIVH 技术类似，但仔细观察会发现

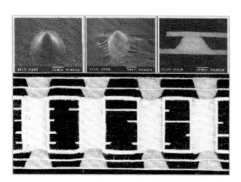

图 6.16　典型 B^2IT 产品的截面及凸块穿刺状态

B²IT 导电膏形状的倾斜度略大，这是因为凸块由多次印刷形成，比激光制作并填孔的倾斜度大。

这类技术因为使用传统电路板粘结片，故宣称有较低成本。近来有不少类似概念在日本不同公司发展，但制作都采用凸块技术。不过，凸块若采用印刷制作，精度与质量控制仍是大考验。这个技术因为公司合并，目前已归大日本印刷公司所有。

另一种引人注意的相关技术是前述技术的延伸——由日本 North 公司发展，被称为"Neo-Manhattan"的技术，在业界以"NMBI"的名称推广；目前已由美商 Tessera 并购，且转用于其他封装技术。其主要制程如图 6.17 所示。

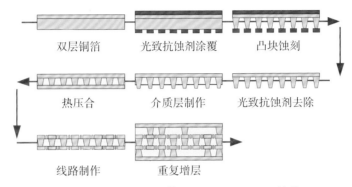

图 6.17　North 公司的 Neo-Manhattan 技术

主要制程是以特殊的二层铜材制作凸块，首先在铜材较厚的一面做图形转移及凸块蚀刻，之后做介质材料填充与层压。完成两面铜导通后进行线路制作，接着做下阶段增层。因为属于凸块制作法，故被归类为 B²IT 技术。这个技术也因为铜柱的特殊性，被相关业者注意而成为该公司的代表性技术之一。

该制程的最大特色是凸块完用纯铜制作，因此导电性比一般导电膏好。在铜面结合方面，North 公司宣称"经过压合，接口没有明显瑕疵，可通过应有的可靠性测试"，笔者对此持保留意见。图 6.18 所示为采用 Neo-Manhattan 技术制作的成品的截面状况。

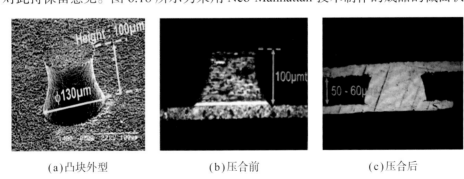

(a)凸块外型　　　　　(b)压合前　　　　　(c)压合后

图 6.18　采用 Neo-Manhattan 技术制作的成品的截面状况

目前，B²IT 类技术的发展相当多样化，很难明确各技术的优劣。纯粹从几何结构及技术角度看，要达成更高密度，仍须加强凸块制作能力。至于经济层面，如何降低制作成本仍是这类技术的最大挑战。目前，电镀填孔技术已经成熟，结构也相当接近 Neo-Manhattan 技术。这些技术要如何在诸多技术中求得生存空间，降低制作成本仍是重要课题。

6.5.4　Prolinx 的 Viper BGA 技术

微孔制作与电镀处理在 HDI 板发展初期是业者非常在意的。由于激光技术并不成熟，对于某些需要高密度连接的产品，业者只得尝试以感光技术制作微孔。同时，采用导电膏填孔技术来免除电镀负担。这种概念在电子封装载板产品上可以看见应用踪迹，Prolinx 的高功率 BGA 载板就是典型案例。市面上的产品，则以 "Viper BGA" 为名。其简单的制程如图 6.19 所示。

高功率电子封装的最佳选择是，散热片与芯片直接接触，借高热导率机构将芯片产生的热排出封装。此技术将高热导率铜板作为支撑结构，将铜箔直接与铜板结合，形成尺寸稳定的承载结构。之后，进行感光介质材料涂覆及感光、显影、固化等。固化后的载板直接做导电膏填孔，概念类似于 ALIVH，之后压合铜箔层。因为填孔是在盲孔结构上进行的，因此印刷难度较高。

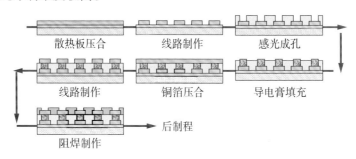

图 6.19　Prolinx 高功率 BGA 载板的制程

载板填充导电膏后做热压合。压合后的载板若要做其他连接，则可重复先前程序，直到需求结构完成。简单封装用载板，几乎只要两层线路就可完成所需连接。制作完成的载板，接着做阻焊及后续处理，同时将安装芯片区域空出来，这就完成了制作。由于载板与 ALIVH 产品有同样平坦的焊盘，因此组装也有相同的优势。又因为该技术采用较厚铜板做基础，尺寸稳定性较高，不少 ASIC 芯片封装曾用这种技术制作载板，可惜的是这种产品已经退出市场。

6.5.5　TLC 转印技术

笔者查阅过美国专利，二十多年前就有人申请这种技术的专利，韩国三星也于 2000 年在 *Circuitree* 杂志上发表过相关技术文章。转印法在铭牌印刷领域有不少应用，一般称之为 "Transfer Print"。这种概念也被引用到了电路板制作技术中。日本有不少公司用类似技术做多种不同电路板的生产。这种转印技术具有一般技术所没有的特色，因此虽然有对位精度方面的缺点，但仍然有部分厂商采用。图 6.20 所示为转印技术用于电路板制作的范例。

TLC 制程采用压合钢板电镀薄铜，厚度一般约为 3μm。镀完薄铜的钢板可做线路图形转移，这种做法只要采用恰当的图形转移膜，就可做出相当精细的线路。完成线路的图形转移后，在线路区底部做抗蚀金属电镀。常采用的金属以镍为主。之后在抗蚀金属上做铜线路，电镀厚度达到设计值时再去掉图形转移膜。

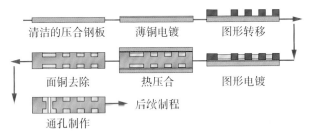

图 6.20 TLC 转印技术

线路完成后可将不同层的线路堆叠在一起，做热压合。热压合过程中，由于钢板与铜箔的胀缩系数不同，会因为热胀冷缩而脱离。层压完成后，直接将钢板取下，电路板就与钢板脱离。

线路在层压时被挤压到树脂中，因此线路尺寸非常稳定，不会受后续蚀刻或其他制程的影响。同时，由于线路底部有抗蚀层，因此层压后可直接用选择性蚀刻液去除面铜，之后进行通孔制作。由于这种做法可做出非常精细、平整的线路，以 HDI 板要求的高布线密度而言，这类做法是不错的细线路技术。而三面连接的线路结构，也让线路结合力较强。

手持电子产品的厚度减小乃大势所趋，因此传统 HDI 板从芯板开始制作的方式受到了挑战。采用薄芯板不但可降低总厚度，还可提升 HDI 板的电气性能，因此业者倾向于采用无芯板设计，如何操作薄板就成了技术挑战。此时若能用载体辅助 HDI 板制作，则不但有利于薄板作业，也有助于细线路制作及尺寸稳定性提升。图 6.21 所示为典型无芯板制程，与 TLC 技术十分类似。

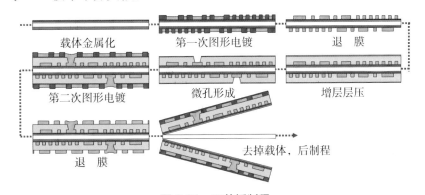

图 6.21 无芯板制程

以此技术制作的 HDI 板的截面如图 6.22 所示。

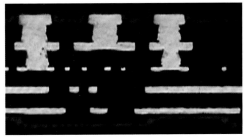

图 6.22 无芯板 HDI 板的截面

6.5.6 DYCONEX 的等离子体成孔技术

DYCONEX 是欧洲的电路板研发公司，早期以高端军用板制作与刚挠结合板制作等特殊技术驰名业界。基于挠性电路板制作经验，该公司研发团队引用以往加工聚亚酰胺树脂的经验，以等离子体蚀刻电路板材料的方法进行微孔制作。其典型制程如图 6.23 所示。

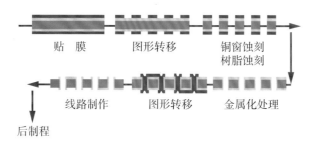

贴　膜　　　图形转移　　　铜窗蚀刻
　　　　　　　　　　　　　树脂蚀刻

线路制作　　　图形转移　　　金属化处理

后制程

图 6.23　DYCONEX 的等离子体成孔制程

这种技术的特色是使用等离子体处理材料。等离子体技术在电子产业的主要用途是清洁表面，但这意味着在恰当的气体媒介及适当的操作条件下，等离子体也适用于蚀刻。该公司认为用激光成孔或传统钻孔技术做微孔，不但费时且成本高，因此提出以等离子体蚀刻材料来做微孔。其实，使用等离子体进行材料处理，不只能做孔，还能一次性完成不规则外形加工。

基于这种技术与感光成孔都是一次完成所有孔的加工，因此该公司认定其有一定竞争力。图 6.24 所示为采用等离子体技术制作的盲孔的切片。

但这种技术有一个困境：制程首先要开铜窗，这比感光成孔多了点工作。另外，介质材料无法承受太高的操作温度，因此等离子体以低温反向模式作业。等离子体蚀刻会产生侧向蚀刻，因此孔形呈碗状。碗状孔固然有电镀优势，但以高密度的眼光看，孔形控制会直接影响电路板的设计能力。图 6.25 所示为采用该技术制作的 DYCOstrate 板，也属于 HDI 产品。

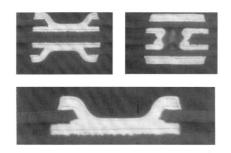

图 6.24　采用等离子体技术制作的盲孔

图 6.25　采用等离子体成孔技术制作的 DYCOstrate 板（来源：http://www.emeraldinsight.com）

另外，等离子体成孔速度有限，当激光技术不断进步时其竞争力就降低了。目前，有些 HDI 板厂会先以激光制作微孔，再以等离子体蚀刻进行清孔作业。这种做法可保有孔形控制能力，同时又能获得等离子体成孔的孔底清洁度保证，也是一种可行的成孔模式。不过，若制程稳定，其实不必增加工序——这终究会增加成本。

6.5.7　X-Lam 薄膜技术

X-Lam 是知名键合机公司 K&S 曾投资的载板公司，因为认识到载板对于电子封装的重要性，所以做载板应用研发。其策略是向相关电路板厂购买载板半成品——填孔及外引脚都已完成，只制作高密度部分。该技术与 IBM 的 SLC 感光成孔技术类似，制程如图 6.26 所示。

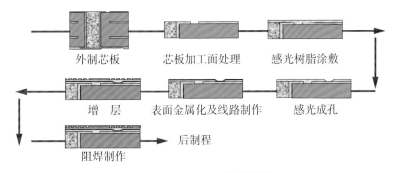

图 6.26　X-Lam 薄膜制程

该技术的最大特色是增层结构不对称，同时提供十分精细的设计规格。在公布的产品规格中，孔径可做到 30μm，而线宽可做到 16μm 以下。这种能力当然要归功于产品设计规则中采用了薄金属，同时介质层也相当薄——不到 15μm。这么薄的介质层，使用一般环氧树脂会有绝缘不良的潜在风险；若使用其他树脂，则必须克服造价及市场接受度。目前，一般电子封装市场，应该都能满足这样的产品规格。

6.5.8　Camtek 的铝凸块技术

Camtek 是知名 AOI 设备供应商，在半导体技术上也有一定水平，是以色列的一家科技公司。对于高密度载板，他们提出了与 X-Lam 类似的非对称载板结构设计，但制作采用混合半导体及电路板技术。图 6.27 所示为其典型制程：从传统电路板做起，先做传统基板，后制作细线路。但它采用了半导体薄膜金属制程，先在电路板上制作出抗蚀层，之后制作铝金属层。

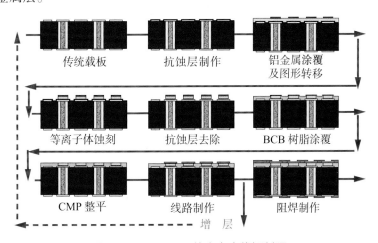

图 6.27　Camtek 的高密度载板制程

铝金属用于半导体制作已经有相当长时间，对于细线路制作有其优势。利用图形转移技术制作铝凸块，之后将抗蚀层去除。凸块制作完成后，就制作绝缘层。该技术采用的是陶氏化学生产的 BCB 材料。该材料目前用于半导体最终表面处理——钝化，因此很薄就可实现绝缘。

完成绝缘层制作与整平后，接着制作线路层。若要再做一层线路，重复制程就可以了。完成线路连接后，就可直接进行阻焊及后续制作，这方面与一般电路板制程无异。此技术可提供的线路精度及连接密度比 X-Lam 技术高，但大量使用半导体技术，可见成本不低，因此目前未见普及。

6.5.9　Meiko 的载体形成电路技术

Meiko 是日本知名电路板厂。对于 HDI 板制作，它也提出了不同的制作技术。该技术也以转印制程为基础，电路板结构如图 6.28 所示。

先在压合钢板上电镀线路，接着涂覆树脂做出盲孔及第二层线路，然后用层压将两片钢板对位压合，再做通孔。由于表面线路是以图形电镀完成的，因此细线路制作不成问题。加上线路平坦嵌入树脂表面，有助于强化线路剥离强度及方便元件的组装，对阻焊涂覆也有一定帮助。采用这种技术做出来的电路板，当然必须制作通孔，否则没有办法达成线路层间导通。

Meiko 还搭配类 ALIVH 技术将事先制作完成的双面板压合，制作成它们称为"M-via-B"的 HDI 板，如图 6.29 所示。

图 6.28　Meiko 的载体形成电路

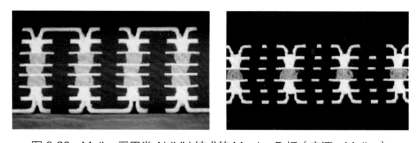

图 6.29　Meiko 采用类 ALIVH 技术的 M-via-B 板（来源：Meiko）

6.5.10　Shedahl 的 Z-Link 技术

Shedahl 曾是知名的挠性板厂商，在所谓的挠性板"气隙分层"结构的发展经验中，该公司发展出单次连接的高密度多层结构。该公司称这项技术为"导电胶软键合"（Z-Link）技术，如图 6.30 所示。

图 6.30 Shedahl 的 Z-Link 技术

使用约 0.1mm 厚的 PI 挠性板，先加工出通孔或盲孔，然后用导电胶对电镀导通的双面板做层间连接。具体做法是先单独完成双面挠性板制作，之后对待连接区域的粘结片钻孔并填充导电胶，再一次压合。由于整体结构一次压合完成，单片材料又可事前检查，因此比多次压合制程少了累积性不良。但结构制作依赖传统电镀与导电胶，因此属于混合技术。某些厂商还尝试利用各向异性导电胶取代一般粘结片，希望能够免除填孔印刷。

6.5.11 SPM 技术

SPM（Stack Press Multilayer Process，堆叠压合多层工艺）技术与一般陶瓷板制作技术有异曲同工之妙。有多种不同做法，基本理念是利用填孔与堆叠压合法制作电路板。利用这种技术，可做出连接密度相当高的载板。目前有日本厂家采用这种技术做倒装芯片载板。这类产品与 B²IT 金属凸块产品的特色相似，整体连接是以金属材料完成的，因此比导电油墨填孔的导通性好。同时，因为是全金属连接，只要锡、铜连接可靠性没问题，就能得到相当好的连接强度。图 6.31 所示为 SPM 制程。

SPM 制程始于单面基材激光成孔，之后做铜凸块电镀填孔。接着做锡金属电镀及黏合剂层处理，以备后续多层结构结合。多层结构依设计堆叠后做热压合，将多片单面线路板结合成一片完整的电路板。这种做法，线路的缺陷可在压合前修补去除，因此累计良率有优势。但因为每个制程都只能做单层线路，因此若要做出相同的线路层结构，必须制作更多内层板，材料及作业成本都较高。

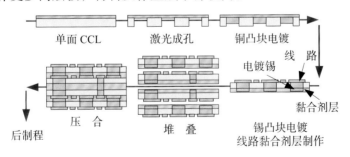

图 6.31 SPM 制程

6.5.12 PALAP 技术

PALAP（Pattern Prepreg Layup Process，有图形的粘结片叠层工艺）技术是由多家日本公司（Denso、Wako Corporation、Airex、Kyosha、Noda Screen、O.K. Print 等）共同发展出来的。发展之初用铜箔基板制作电路板，但后来采用类似热塑性聚醚醚酮（PEEK）树脂

"PAL-CLAD" 制作。PAL-CLAD 具有良好的耐热性与电气性能,由日本 Gore-Tex 公司制作。

单次压合比多次压合好,可一次完成热压、聚合、线路配置等工作。PALAP 技术可将多片事先完成线路制作的基材压合在一起,如图 6.32 所示,可明显改善质量、降低成本,同时缩短出货时间。PALAP 技术采用金属油墨填孔,提供高互连可靠性。因为材料的介电常数低,可用于高频板制作。

PALAP 技术应环保因素而发展,对于未来的电子、车用产品都很重要。而且,PALAP 板使用的是热塑型树脂材料,材料可回收与重复使用。

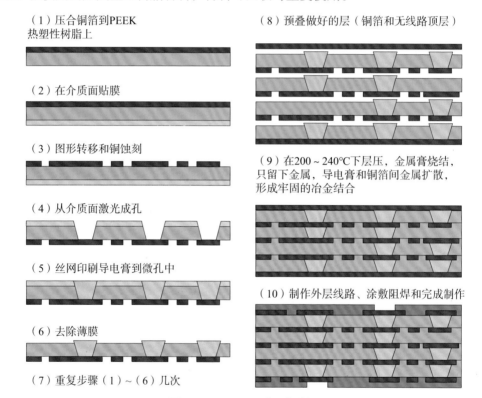

（1）压合铜箔到PEEK热塑性树脂上

（2）在介质面贴膜

（3）图形转移和铜蚀刻

（4）从介质面激光成孔

（5）丝网印刷导电膏到微孔中

（6）去除薄膜

（7）重复步骤（1）～（6）几次

（8）预叠做好的层（铜箔和无线路顶层）

（9）在200～240℃下层压,金属膏烧结,只留下金属,导电膏和铜箔间金属扩散,形成牢固的冶金结合

（10）制作外层线路、涂敷阻焊和完成制作

图 6.32 PALAP 多层板制程

6.5.13 FACT-EV 技术

采用 FACT-EV[①] 技术制作的电路板,孔内是实心电镀铜柱。该技术用标准干膜定义出凸块,铜柱电镀后将薄液态介质涂到凸块区。不同于 SPM 技术,这种技术采用顺序作业,外部两层线路做在先前完成的线路层上,典型制程如图 6.33 所示。

6.5.14 LPKF 的 Micro-Line 技术

LPKF 是德国的激光科技公司。它提出了不同的细线路制作技术——Micro-Line,如图 6.34 所示。具体做法是先在线路载体上制作催化层——最常见的是钯层,建立薄钯层后,采用激光雕刻法形成线路。这种作业目前仅限于小规模测试制作。

---

① Fuji Kiko Advanced Chemical Technology Etched Via Post,富士机工先进化学技术蚀刻导通柱。

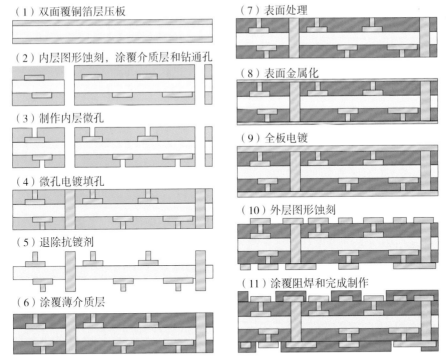

（1）双面覆铜箔层压板

（2）内层图形蚀刻，涂覆介质层和钻通孔

（3）制作内层微孔

（4）微孔电镀填孔

（5）退除抗镀剂

（6）涂覆薄介质层

（7）表面处理

（8）表面金属化

（9）全板电镀

（10）外层图形蚀刻

（11）涂覆阻焊和完成制作

图 6.33　典型的 FACT-EV 制程

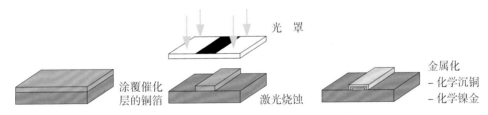

图 6.34　LPKF 公司的 Micro-Line 技术

实用技术采用准分子激光高分解能量制作线路。同时，光罩使用特殊聚光光学结构夹具，因此可以制作出相当细的线路。依据相关信息推断，制作能力大约在 5μm 线宽左右。图 6.35 所示为 Micro-Line 的烧蚀。

催化层经过线路化处理后，后续做化学沉铜及化学镍金处理。这些金属化制程是线路形成的基础。由于采用化学沉铜还原反应制作线路，因此线路厚度并不大。

这种技术对于电路板制作者只能作为参考，因为其制作载板的线路密度能力超越了大多数目前业者所需，同时线路厚度及结构也不是一般设计者能接受的。不过，这种做法可有一定的启发性，仍值得借鉴。

图 6.35　Micro-Line 的烧蚀（来源：LPKF）

6.5.15　PLP 无孔环线路技术

一般电路板平面空间，是线路与孔位竞争的舞台。尤其是孔环宽度，直接影响线路设计密度。在日本，部分电路板业者尝试推出所谓的"PLP"（plugging & liquid photo etching resist，塞孔和液体光致抗蚀）技术。其制程如图 6.36 所示。

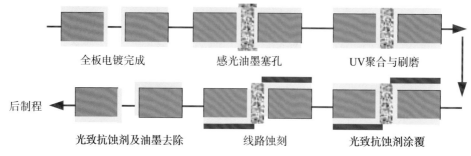

全板电镀完成　　　　　感光油墨塞孔　　　　　UV聚合与刷磨

后制程　　　光致抗蚀剂及油墨去除　　　　线路蚀刻　　　　光致抗蚀剂涂覆

图 6.36　PLP 制程

此技术的最大特色是，可以制作无孔环结构。基本做法是先做全板电镀，电镀足够厚的孔铜，之后以感光油墨塞孔。感光油墨可用紫外光快速固化。但油墨质地并不坚硬，可轻松磨刷平，以便后续图形转移处理。由于孔已填平，可用液态光致抗蚀剂涂覆，这样有利于细线路制作。另外，因为孔受油墨保护，设计线路时不必设计铜焊盘，有线路延伸到孔内即可。这样，就算有轻微偏移，也不会影响对位，因为根本没有孔破问题。

接着是线路蚀刻。孔有油墨保护，而线路没有孔环区，蚀刻时孔铜会被局部向下咬蚀，但不会影响线路连接性。蚀刻完毕后，强制清洗退膜的同时将孔内与表面光致抗蚀剂一并完全去除。观察制作效果时，可看到图 6.37 所示的线路。

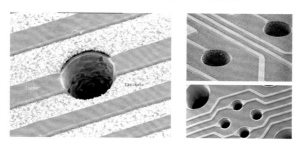

图 6.37　采用 PLP 技术制作的孔环与线路

这种技术让电路板布局空间增加，可提升线路密度，但因为使用者不够多，又有人对可靠性存疑而不敢尝试，目前仍然停留在少量使用阶段。

另外，DYCONEX 也曾发布过等离子体微孔制作技术：利用图形转移做出无孔环线路，如图 6.38 所示。这类技术的基本目标一致，就是要让线路密度再度提高。但是，DYCONEX 的做法较特殊，在量产与实用方面有待观察。

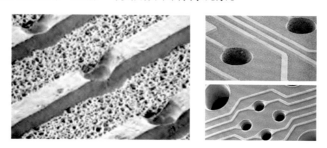

图 6.38　DYCONEX 的无孔环线路

自从 HDI 板导入电镀填孔技术后，也有业者尝试以填孔结构避开孔壁无法在蚀刻制程中存活的问题，因此发展出电镀填孔的无孔环结构，如图 6.39 所示。

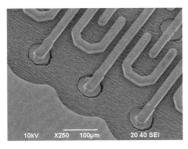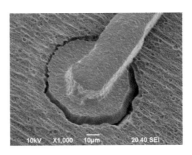

图 6.39　无孔环盲孔结构

6.5.16　金属芯板增层技术

金属芯板增层是一种使用了很久的电路板技术，近年来因为 HDI 板的需要，也展现出了不同风貌。图 6.40 所示为奇数层金属芯板增层的典型制程。

此技术的主要特色是，在芯板上使用铜板制作铜柱。其实概念有点像 Neo-Manhattan 技术，但结构形式略有不同。制程方面，首先做铜板单面铜柱蚀刻及其他铜面区域制作，但只蚀刻一半的深度。接着，以树脂压合来固定线路与铜柱。之后制作铜柱与图形，并重复线路与铜柱固定的压合程序。再之后，制作微孔及线路，形成三层金属结构。若需要进一步做线路连接，则可继续下一层的线路制作。

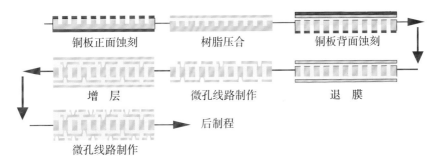

铜板正面蚀刻　　　　树脂压合　　　　铜板背面蚀刻

增　层　　　　微孔线路制作　　　　退　膜

微孔线路制作　　　　后制程

图 6.40　奇数层金属芯板增层的典型制程

这种技术可免除层间通孔制作，同时不需要一般电路板结构所需的钻孔、镀孔、填孔、磨刷等作业。同时，它兼具金属芯板结构的特性，散热性能较好。图 6.41 所示为采用该技术制作的成品效果。

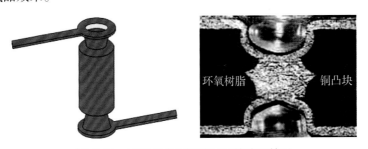

环氧树脂　　　　铜凸块

图 6.41　奇数层金属芯增层板的成品效果

6.5.17　全盲孔堆叠的 IBIDEN HDI 板制程

可实现任意层连接的 ALIVH 是专利技术，日本松下公司停止了该类电路板的生产，使这类产品变成了稀有品。如前述，这类技术有其优势。但在电子产业中，组装返工是常态，而导电膏因为容易剥离增大了返工风险。根据过去的经验，返工过程中会发生一定比例的焊盘脱落。与传统电镀填孔相比，导电膏填孔的组装返工可靠性仍很差。

自智能手机风行以来，高堆叠密度 HDI 板的需求逐步增长，开始需要单面增层三层的结构设计。为了获得最大设计弹性，并得到最佳电气性能与返工可靠性，业者要求电路板厂商提供有效的解决方案，而全电镀填孔堆叠结构就是技术方向。

在网站上可搜索到典型制程，其中以日本厂商 IBIDEN 提出的任意孔堆叠结构（Free Via Stacked up Structure，FVSS）与制程最受关注。实际产品截面如图 6.42 所示。

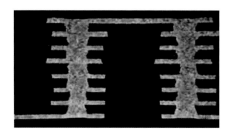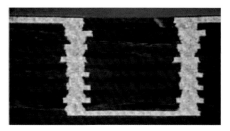

图 6.42　采用 FVSS 技术制作的微孔 HDI 板的截面（来源：http://www.ibiden.co.jp）

因为层间互连完全依赖电镀填孔，所以摒除了导电膏制作的多数缺点。不过，增加了钻孔与电镀成本，采用者必须权衡。基本制程如图 6.43 所示。日本电路板厂曾在该领域领先，不过目前凡是要制作智能手机电路板的公司，都必须具备这种技术能力。

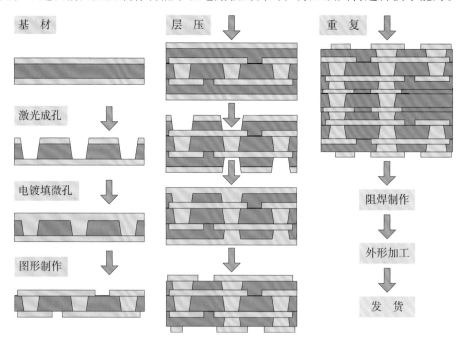

图 6.43　FVSS 制程（来源：http://www.ibiden.co.jp）

制作从薄双面板开始，先做盲孔钻孔与电镀填孔，接着做线路形成与压板前所有的准备工作。其他后续工作与一般 HDI 板采用的顺序层压没太大差异，只是大量引进了盲孔电镀填孔技术。

这种技术的好处是，可制作比导电膏填孔技术更密的导通结构，导通性也比导电膏好。不过，电镀填孔比一般电镀的成本高，多数厂商对电镀填孔技术的控制能力也有待提高。

6.6　新一代 HDI 技术

HDI 板因为孔小线细能提供高密度，下一代 HDI 技术将继续随着半导体的脚步朝精细方向前进。下一代 HDI 技术应该是光波导。光纤网络连接了各个大陆与城市，提供骨干网络与先进信息应用的基础。目前最受关注的是，如何提供终端高速连接技术？电路板光波导就是针对这个市场而尝试投入的技术。

6.6.1　印刷型光波导

尽管电气信号可以在 100μm 线路上传输，但是更多激光波长可在单一光波导上传输。这种光学机构单位时间内可处理的信号量增加了近 10000 倍，且不会如电子信号般会受到磁场、电场影响。光波导目前已可在电路板上局部实现，如图 6.44 所示。非常类似于当初产业从单点焊接导线转换到电路板的时候，单点光缆现在也可以较低成本印刷制作。

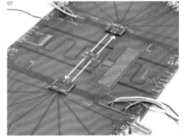

6.6.2　可用材料

用于光波导的光学材料是现有的高分子材料。

图 6.44　印刷型光波导（来源：Siemens C-Lab）

▍优　点

（1）稳定：高分子材料有适当热稳定性与长时间光学稳定性，Bellcore Telecordia 要求的测试时间低于 600h，测试条件为环境温度 85℃、相对湿度 85%、焊接温度低于 230℃、衰减温度高于 350℃。

（2）良好的既有资源：过去百年间业者搜集了大量高分子材料数据，包括所有的普通光致抗蚀剂。

（3）实用：高分子材料具有优异的挠性、弹性模量、特定载波性，这些在其他材料上较难得到。这些特性还有利于特殊制程选择，如图形转移、活性离子蚀刻、激光雕刻、封胶、印刷等。

▍缺　点

（1）不稳定：许多高分子材料的热稳定性差且有光衰减、结合界面分离、吸湿性偏高、耐化学品能力低等问题。

（2）未知数不少：新材料需要新制程、设备、经验积累。

（3）无用材料多：某些高分子材料的衰减约为 20dB/km，而光学玻璃的衰减小于 0.1dB/km，封装用高分子材料的成本大约占元件成本的 80%。

可用材料有丙烯酸酯、卤化丙烯酸酯、聚酰亚胺、环丁烯、聚硅氧烷等。业者常用的材料见表 6.2。典型的高分子材料光波导信号衰减（dB/cm）出现在波长接近 840nm 的范围。

表 6.2　用于光波导的代表性高分子材料

制造商	高分子材料类型	图形制作技术	光波导信号衰减 /（dB/cm）		
			840nm	1300nm	1550nm
Allied Signal	卤化丙烯酸酯 丙烯酸酯	图形转移、RIE、激光 图形转移、RIE 激光	0.01 0.02	0.03 0.2	0.07 0.5
Dow Chemical	苯并环丁烯 全氟环丁烯	RIE RIE	0.8 0.01	1.5 0.02	0.03
DuPont	丙烯酸酯（Polyguide） 特氟龙 AF	图形转移 RIE	0.2	0.6	
Amoco	氟化聚酰亚胺	图形转移		0.4	1.0
BF Goodrich	聚降冰片烯	图形转移	0.18		
Gen Electric	聚醚酰亚胺	RIE、激光	0.24		
JDSU	丙烯酸酯	RIE			
Terahertz	丙烯酸酯	图形转移	0.03	0.4	0.8
NTT	卤化丙烯酸酯 聚硅氧烷	RIE RIE	0.02 0.17	0.07 0.43	1.7
Asahi	氟树脂	RIE		0.3	
Nippon Paint	感光聚硅烷	平版印刷光漂白	0.1	0.06 ~ 0.2	0.04 ~ 0.9

RIE：Reactive Ion Etching，反应离子蚀刻。

6.6.3　制　程

高分子光波导制程类似于使用液态光致抗蚀剂，可采用滚涂或挤压涂覆液态高分子材料，在标准内层板上制作所需的旋光性高分子材料厚度。经过干燥后，旋光性高分子材料再经过标准的曝光、显影处理，最终聚合。最佳状态的高分子材料，会与层压的粘结片结合成标准多层板。图 6.45 所示为 Terahertz 公司制作的 TRUEMODE 光波导堆叠结构。

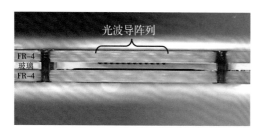

图 6.45　传统多层板压合前的光波导堆叠结构（来源：Terahertz Corporation）

第7章

微孔形成技术

所有互连方法中，对互连结构与生产方法影响最大的是成孔技术。有经验的厂商都知道，成孔质量会直接影响孔金属化与最终产品的可靠性。要导入 HDI 技术，必须先了解机械钻孔与其他替代技术，如激光成孔的差异。生产率、资本投入、维护、整体成孔质量限制等，也都必须充分考虑。

7.1　技术的驱动力

所有 HDI 板的出现都源自密度变动。1988 年，在球栅阵列（BGA）封装技术的驱动下，针栅阵列（PGA）封装开始转换成表面贴装结构。真正的球栅阵列封装则在 1990 年登场，直到 1993 年摩托罗拉、IBM 等知名厂商将这类技术列入技术路线图。目前，BGA、PGA、CSP 已经普遍用于高引脚密度的封装。

高引脚数需求促使小间距引脚成为必然的结构，而目前高端封装必须面对单一封装数千引脚的挑战。高密度接点与高引脚数封装内外部、相互间的布线，都要用到非常高密度的电路板。电路板设计必须提供高引脚数器件的互连方案。

虽然电路板可通过增加层数来满足需求，但导通结构或成孔能力不足会成为技术障碍。它会导致设计困难，也会让成本增加。而必须搭配的细线路蚀刻技术，也会明显增加制作难度及成本。机械钻微孔当然会影响制作成本，尤其是孔径小于 10mil 时。

7.2　机械钻孔

分析机械钻孔与激光成孔的技术差异，可看到机械钻孔较适合通孔与大直径孔的制作，如图 7.1 所示。由图中灰色区域可看出，机械钻孔可提供的钻孔厚径比是最大的：所有加工方法中，只有机械加工可突破该图向外延伸。就加工能力而言，理论上机械钻孔可加工的厚径比可高达 20:1，但实际钻孔精度及偏移量必须另外考虑。虽然机械钻孔有能力极限，但大家不能忽视机械钻孔在制作高质量微孔上的能力。

一般通孔元件组装几乎都依赖插件孔。但对 HDI 板来说，这类孔大幅减少且几乎都用作工具孔。连接密度的提高使微孔占比增大，尤其是封装载板，微孔占比极高。目前已有不少载板将机械钻孔孔径设计到小于 75μm。以机械切削而言，单位时间内刃面的通过面积与切削量成正比。同样道理，切屑量也与切削质量有关。

好的机械切削，就是强化切削力、排屑力，保持精度，延长刀具寿命的工程。机械钻孔的孔径越来越小，钻头也必然越小，刀刃强度也越弱（刀具强度与本体材料厚度成正比），因此难度相对提高。为此，机械钻孔不断提高转速，拉高单位时间内刃面的通过面积。排屑方面，可采用分段钻孔、强化排屑压力脚、冷却钻头等机制加以改善。精度方面，采用较小压力脚开口可改善钻孔精度，减小偏移。钻孔盖板使用有润滑功能的材料，可改善孔壁质量。钻头方面，采用钻体后端直径略小的 UC 型钻头，可减小孔壁摩擦力，减少胶渣产生及帮助排屑。

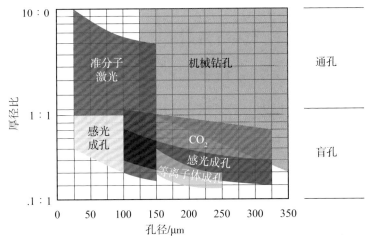

图 7.1　成孔技术路线图

电路板行业的一般产品设计仍然以 300μm 以上孔径较多，但对于 HDI 板，250μm 以下孔径的设计不少。而 200μm 以下孔径，则多数用于电子封装载板。随着设备成熟及小直径钻头单价下降，微孔应用普及率也上升了。钻头技术领先者可生产 0.05mm 直径产品，但实用量产技术仍停留在 0.1mm 直径。机械钻孔的孔径与厚径比有关，因此微孔加工时常单片或两片一钻，成本偏高。可见，在决定采用何种钻孔技术时，孔径设计是制作成本的重要考虑项目，且这种等级的钻孔技术讨论必定集中于单价高、密度需求高的封装载板应用。

7.2.1　小孔加工能力探讨

HDI 板上的可用布线空间有限，整体面积上又存在焊盘、线路及孔三者相互竞争，因此在更小焊盘上钻小孔成了重点。焊盘大小并不完全决定于钻孔能力，另一个重要因素是曝光制程的尺寸控制能力，但钻更小的孔必定有利于空间利用。

就钻孔精度而言，对同一台设备做钻孔位置精度验证，可经过测量搜集到足够数据。比对钻孔位置与实际设计位置，就可以知道钻孔位置精度。机械钻孔位置精度与几个主要因素有关：设备平台移动精度、主轴振动、钻头偏心度、钻头通过板材的翘曲度、堆叠数。

设备平台移动精度取决于操作条件维持及平日保养维护。主轴振动与设备结构有关，越轻的主轴振动越小。钻头偏心度受钻头强度、主轴抖动、钻头抓取机构圆度及抓取头的清洁度等因素影响，当钻头抓取机构抓起的钻头上残留钻屑时，主轴就会偏心旋转：不但钻孔质量会变差，也容易造成断钻。

钻头下钻时会受到材料的反作用力。电路板本身是复合材料，内部有不少纤维，不是均匀物质，因此各处的阻力并不相同。下钻速度过快时，容易发生钻头偏斜挠曲问题。若降低下钻速度或进行分段钻孔，则不论是生产速度还是刀具消耗量都可能无法接受。如何在两者间获得恰当平衡，需要制作者做产品试验评估。

依据目前的技术水准，多数人认定机械钻孔较适用于孔径大于 100μm 的孔加工。盲孔机械加工则需要特殊技术，如深度控制，以确保盲孔深度重复性。机械加工除了适用于大尺寸，小孔加工能力受限，孔形也有限制。虽然有些公司推出了特殊型号钻头，号称可钻盲孔，但终究使用者少，目前不普及。高速钻机的技术突破，导致许多生产能力分析必须进行修正，使得机械钻孔与激光成孔间的竞争有了变化。

机械钻孔是成熟且覆盖范围大的成孔技术，大孔径与高厚径比是它的优势，较经济的应用范围还是 200μm 以上孔径。为了搭配制作微孔，设备要有深度控制机构与小孔加工能力，主要是高速主轴要搭配不同类型的深度控制传感器。

得益于 EFS（Electric Field Sensing，电场传感）技术，钻机可进行高精度的盲孔加工。它依据简单的天线原理，在压力脚上产生低能量微波场，钻头被当作天线来检测这个场并监控输出信号。信号减弱表示钻头接触到金属表面，钻头由 Z 轴零点钻入电路板可保持的精度水平约为 ±5μm。这类技术不需要使用机械或光学元件，可避免破损、污染等问题。

考虑到软件改善与钻头质量提升，以机械钻孔制作盲孔是可能的。应用时需要注意，尽管有这些加工能力，机械钻孔还是有深度控制与最小加工孔径限制。另外，从设备投资角度看，某些设备已折旧完毕，直接转入 HDI 应用其实相对简单，或许在特定应用上仍有其价值。

使用现有机械钻孔设备制作微孔确实有机会：部分现有设备只需要升级深度控制系统，就可节省大量投资。典型的机械钻微孔如图 7.2 所示。机械钻微孔有其优势，不但可沿用既有设备，且孔壁较平滑。

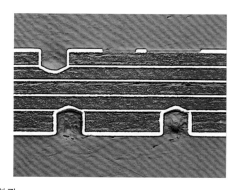

图 7.2　机械钻微孔

7.2.2　机械钻微孔的机会与挑战

即使看来简单的机械钻孔，实施微孔加工的难度仍然极高。对 HDI 钻孔而言，值得庆幸的是，使用无铅焊接制程后，基材会朝高玻璃化转变温度（T_g）发展，因此钻孔过程较不容易产生胶渣。但多数高温树脂都有硬脆特性，产生胶渣反而不利于化学处理，这将成为另一种挑战。

机械钻孔微孔加工难，而且制作费用高、盲孔能力受限，让激光成孔技术备受关注。单就机械钻孔的未来看，若是大型孔加工，使用机械钻孔仍是合理的选择。但需求孔径逐渐减小后，如何掌握技术方向就成了重要课题。

　　以钻头费用来说，钻头制造需要用特殊材料，而钻头加工成本也会因直径减小而升高。钻头制造所用的钨、钴等金属，都属稀有蕴藏，未来钻头成本必然会因为元素逐渐稀少而攀升。另外，小直径钻头不能多次研磨，部分厂商号称可重复使用研磨两次、直径为 0.1mm 的钻头，也就是"可钻孔三次"的意思，但问题是小直径钻头研磨后是否能维持钻孔质量，各家水平不一，值得留意。

　　因此，从长远角度看，不论是盲孔还是小通孔，理论上会因为激光加工技术进步及微孔机械加工单价提升而逐渐转向激光加工，这应该是可信度颇高的推测。不过，机械钻孔技术的进步也快，在钻孔堆叠数提高的情况下仍有竞争力。IC 封装载板使用双面板的概率仍然不低，但激光成孔的通孔质量仍与机械钻孔有差距。

　　不过，对于封装载板应用，芯板厚度随设计而不同。若采用传统机械钻孔制作芯板，电镀铜可能无法有效填孔，中间容易夹杂气泡。目前多数便携式产品的结构设计，已无法采用传统树脂塞孔模式。此时，业者开始采用双面激光法制作较厚芯板的通孔。这种通孔腰身处较窄，有利于电镀填孔。图 7.3 所示为激光成孔与机械钻孔的结构变化。

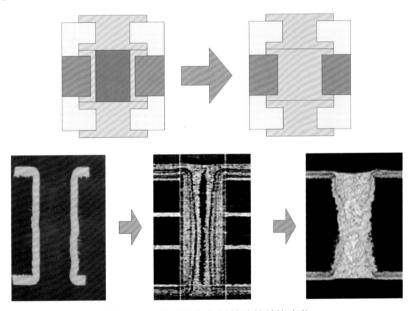

图 7.3　激光成孔与机械钻孔的结构变化

　　尽管机械加工微孔的设备投资相对低，但从操作成本看未必划算。机械钻孔加工单孔的费用还需要考虑钻头成本，这方面会因为钻头直径而有相当大差异，钻头磨损或断裂会导致加工成本明显增加。

7.3　激光成孔

　　激光成孔技术大约在 1995 年以后才逐渐进入电路板量产领域。直到约 1997 年，移动电话市场快速成长，加上 HDI 板制作技术逐渐成熟，激光成孔技术才正式进入量产。

早期因为感光成孔技术仍被看好，激光加工速度又确实较慢，因此成长速度及前景都待观察。当时的激光成孔速度，在激光头原地加工不移动的情况下，每孔打 3 枪，每分钟可制作 2000 个孔。但经过不断改良，单一激光头加工速度可提高 10 倍以上。同时，多头激光加工机的设计也使得单机生产率呈数倍成长。最终，激光成孔技术在电路板加工领域占据了应有的地位。

7.3.1　激光加工原理

激光是一种共振、波长单纯、同步性高、不易散失、容易汇聚照度与能量的指向性光源。简单的激光产生机构如图 7.4 所示。

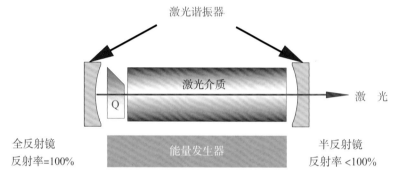

图 7.4　激光产生机构

能量发生器发出能量，激发介质蓄积能量。由于介质蓄积的能量是由介质内轨道能量差形成的，因此释放能量大小并非线性的，而是单一能量强度。因为能量由外部提供，之后经过激光介质激发而产生光能，所以该技术也被称为"激光技术"。这些单一能量经过两面反射镜来回弹射，不断蓄积。就像将很多球从一楼搬到十楼，搬得越多，蓄积的整体位能就越高。这种现象也非常像汞灯的启动过程，需要一定时间才能达到全亮程度，因为激发所有介质需要时间。

用于生产加工时，释放能量就不能随机了，必须有一个控制机构——就像枪只的扳机，需要发射时才扣动。因此装置内部会有一个叫作"光量开关"（Q-Switch）的振荡控制器，功能是在不发射激光时将光偏折，让能量继续在内部激荡而保持蓄积状态；需要发射能量时除去偏折就可让激光发射。

能量大小及频率是激光加工的关键参数，就好像水库的蓄水速度和闸门开关频率。若进水量大但闸门开关频率低，则可以满载流速放水；若蓄水速度低于放水速度，则放水量会受进水速度制约，最终达到平衡后才能维持持续放水量。这就是发射频率与可维持能量的关系。因此，要想加工速度快，就要使用高功率激光装置，维持高负荷加工频率。激光加工机的设计，多采用区域扫描模式，如图 7.5 所示。

激光加工机的光源由激光头产生，经过光束整形器调整波形分布后，通过光路移转将光斑投射到板面。由于反射镜是以磁动机构驱动的，非常像硬盘驱动器读写头，因此可高速操作反射镜的反射角。利用两轴交替反射及透镜，使光斑投射在基板的正确位置上，就可做材料加工。

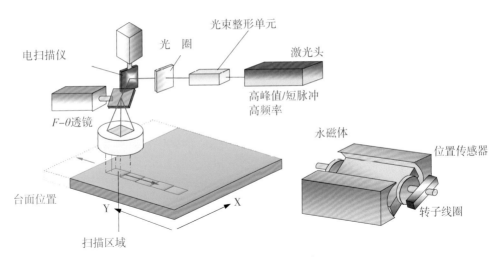

图 7.5 扫描式激光加工机

早期对激光波形的掌握十分有限，因此多采用光源直接加工。原始能量强度呈高斯曲线分布，经过业者努力改善加上了波束整形机制，能量分布有了大幅改进。光束经过镜片处理，可将高能量区分布平整化。经过平整化的光路，再通过光栅机构和透镜聚光，将能量密度及波形整理成适用于加工的状态。这样不但能让能量利用率提高，节约加工耗电量，同时又可提升加工不同材料的工作能力。因此，后期的激光加工机，对玻璃纤维材料及特殊添加剂基材就有较宽的加工能力。图 7.6 所示为玻璃纤维增强基材的加工结果。

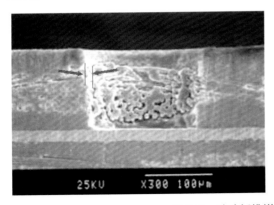
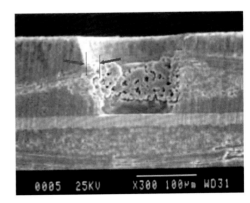

图 7.6 玻璃纤维增强基材的加工结果

面对激光成孔设备的进步，业者要考虑影响孔径的因素：

◎ 激光特性
◎ 能量强度
◎ 脉冲频率与宽度
◎ 光束直径
◎ 峰值能量

激光成孔已经用于微孔量产，且持续向好。全球微孔产品在过去这些年里大幅增长，而激光成孔占比超过 90%。技术发展初期，因为设备成本居高不下，生产率又低，因此单位成本相当高。但设备生产率进步快速，加工成本一度快速下滑。不过，随着电路板微孔密度大幅提升，激光成孔成本占电路板制造成本的比例再度被拉高。

以往曾一度因为传统钻孔技术进步，薄板机械钻孔与激光成孔的成本不相伯仲。不过，后来激光加工速度提升加上设备单价合理化，最后还是激光成孔胜出。又由于前述孔形对电镀产生的影响，使得高速机械钻孔的前景瞬间发生变化。就整体成孔加工而言，还是要依据不同应用来选择成孔技术，不同的精度、孔径还有可能需要采用不同的激光成孔技术搭配机械钻孔技术。

7.3.2　微孔的激光加工（HDI 板）

CO_2 激光可有效用于盲孔制作，其典型波长介于 9.6 ~ 10.6μm，可产生高峰值与平均能量，达成较高的材料清除速率。根据激光加工的板面条件，加工方法可分为直接树脂加工、开铜窗加工、开大铜窗加工、直接铜面加工四类，图 7.7 所示。

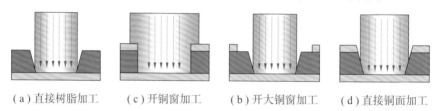

（a）直接树脂加工　　（c）开铜窗加工　　（b）开大铜窗加工　　（d）直接铜面加工

图 7.7　典型的 CO_2 激光加工方法

日本在直接电镀方面有较长久的经验，因此较习惯使用无铜箔加工法，也有不少厂商直接用树脂涂覆加工。至于其他加工法，则因不同考虑而有所变化。图 7.8 所示为直接树脂加工的范例。

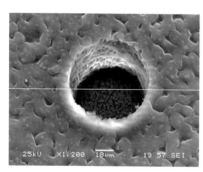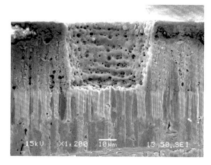

图 7.8　直接树脂加工的成果

开大铜窗加工的目的是由激光加工直接决定孔的尺寸及位置。同时，因为没有铜箔约束，孔形可较倾斜，有利于电镀。它又不必面对全板镀铜，铜箔抗拉强度不依赖全板电镀，因此有不少厂商使用。这也是目前细线路类产品直接制作线路所用的方法，是目前 HDI 板的重要制作方法之一。图 7.9 所示为开大铜窗加工的效果。

至于直接铜面加工，随着激光技术不断进步及铜面吸收层处理技术的推出，可行性已大大提高。但是孔边残留铜渣的处理，必须要搭配适当的激光条件与后处理。图 7.10 所示为直接铜面加工的效果。

部分超薄铜箔厂商经过实验后声称，若搭配载体铜箔，残渣可在加工后通过撕去载体排除。该方法虽然经验证有效，但是搭配载体铜箔的加工成本太高，不适合量产。开铜窗加工通过化学蚀刻露出基材，用 CO_2 激光加工露出的介质。铜窗被用来限定激光加工范围，尺寸、对位稳定性有助于维持微孔的质量。激光成孔速度，会因为材料类型、厚度差异、有无增强材料、增强材料类型等而异。

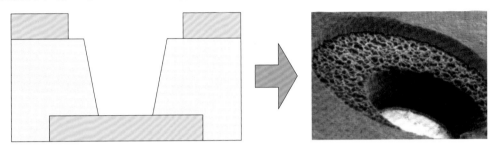

图 7.9　开大铜窗加工的效果

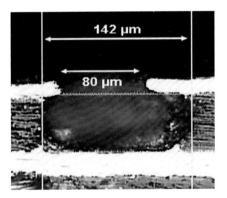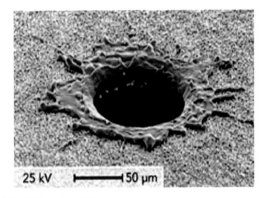

图 7.10　直接铜面加工的效果

利用开铜窗限定加工区域，优点是激光束尺寸稳定性要求较宽，缺点是光束较粗且内部材料分解时排出通道受限，容易产生内部扩大的葫芦孔。为此，此类加工设备提供了多次加工、循环加工等不同参数，以减少葫芦孔的问题。图 7.11 所示为两种条件的开铜窗加工效果。这几种典型加工方法各有优劣，使用哪种方法必须根据整体制程决定。

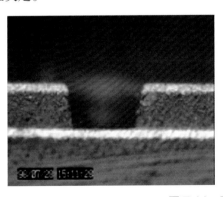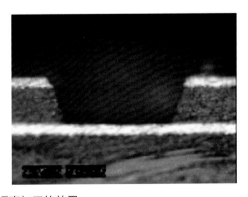

图 7.11　开铜窗加工的效果

由于电路板结构必须有一定强度及尺寸稳定性，因此芯板必须使用增强纤维材料。这类材料通常采用传统的机械钻孔加工，但出于高密度需要，孔径设计不断缩小。对于 HDI 板，提高密度就意味着减少层数、提高焊接密度。只缩小盲孔但通孔不变，整体密度终究受限。因此，对于激光加工与通孔处理，业者仍然期待不同的方法。

为了提高封装密度，芯板的通孔最好成为可堆叠孔或焊接区。此时，通孔盖覆镀铜或实心孔成了必要结构。较厚芯板的通孔必须以机械钻孔制作且无法制作得更小，因此只好用油墨塞孔后做盖覆铜处理。但对于较薄的芯板，业者尝试以电镀做实心孔填充；为了减轻电镀困扰，开始采用双面激光加工。这样有利于电镀填孔，也相对不易发生残留气泡。图 7.12 所示为沙漏孔电镀效果。目前，这类需求仍集中在高密度封装载板领域。

不同激光有不同的特性限制，HDI 板发展初期的孔径一般为 90 ~ 120μm，而 CO_2 激光在纯树脂 RCC 材料上可用冲击模式直接加工 150μm 孔径的盲孔。由于波长及设备特性的原因，CO_2 激光在加工直径到达 75μm 左右时就面临加工效率与加工方法的挑战。若不使用开铜窗加工，激光设备必须做特定机构调整，否则无法直接加工更小的孔径。到了这个范围，CO_2 激光也会面对 UV 激光的挑战。

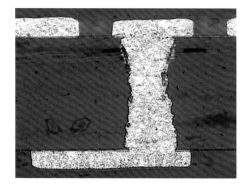

图 7.12   沙漏孔电镀效果

铜窗蚀刻制程也存在盲孔对位问题，各厂商使用的对位工具系统不同，因此面临的对位问题也不同。电路板材料本身就有尺寸稳定性问题，加上选择不同对位靶的做法会对整体对位精度产生不同影响，这些都让激光成孔位置精度问题复杂化。

电路板压合后表面没留下坐标，因此传统电路板会以钻靶将内层板坐标转换到表面。传统机械钻孔的钻靶都采用平均分配公差处理，而通孔、盲孔会分别加工，这些都让整体电路板对位公差增大。再加上电路板材料胀缩与不均匀扭曲，开铜窗加工产生偏离的风险加大。图 7.13 所示为机械钻孔与激光成孔的对位偏差。

近几年来，业者开始导入数字加工技术，同时大量应用分割作业将电路板材料变异影响降到最低，这些技术对小面积电路板分布在大生产尺寸下有正面意义，但对大片单板产品没有太大帮助。对位偏差当然会影响良率，对于高价产品，业者为提升良率与获利，逐步开始使用这类技术与生产设备。

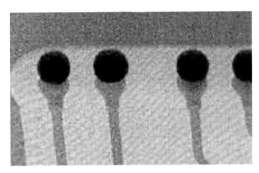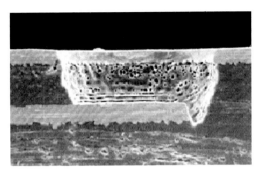

图 7.13　机械钻孔与激光成孔的通孔、盲孔对位偏差

7.3.3　UV YAG 激光直接成孔

UV 激光可用来生产非常小的孔，同时也可加工没有处理过的铜箔。单靠 UV 激光也可清除介质材料，但材料清除速度较低。此外，面对不均匀材料，如玻璃纤维增强的 FR4，清除材料需要提高能量密度，存在损伤内层焊盘的风险，因此需要调整加工模式及速度。这些相对都不利于 UV 激光。

一般而言，铜面会大幅反射红外线，但可吸收较高比例的 UV。不过，近来厂商尝试削减铜箔厚度并在铜面做涂覆处理，以大幅提升红外线吸收率而达到不错的直接加工效果。UV 激光较短的波长，让这类系统具有较小的光斑。不过，加工较大孔径的产品时，必须使用环钻模式，这是 CO_2 激光不需要面对的问题。对于小孔径、高精度需求的产品，也有厂商考虑采用具有以下特征的 UV 激光或混合设计的设备。

◎ RF 激发的 CO_2 激光

◎ TEA CO_2 激光

◎ 低 CO_2 激光成孔速度

◎ Nd:YAG 激光

Nd:YAG 激光具有 355nm 波长，可直接加工多数金属（铜、镍、金、银），在电路板领域有部分应用。这种激光的金属吸收率超过 50%，也可精确控制有机材料切削量。高光子能量的 UV 激光，可达到 3.5 ~ 7.0eV 断裂化学键水平，因此切削过程中 UV 光谱可发挥光化学作用，而不仅仅是热融解。这些特性使得 UV 激光可用在怕烧焦或需要高精度的应用上。

UV 激光可加工直径小于 25μm 的微孔，因为它具有较短的波长。工业用二极管泵固态（Diode-Pumped Solid-State，DPSS）激光器输出的稳定激光，可连续加工数千小时。良好的光束质量，可确保对焦直径最小化，且可有最大纵深，可制作精准且孔壁斜度低的孔。随着性能更强的 UV 激光逐渐发展，产品生产率势必会改善。

要制作期待直径的盲孔，采用 UV 激光就如同使用铣床加工铜与介质。光束从孔中心绕圈以约 25μm 光斑进行螺旋式作业，逐步加大半径到达成需求。这就是大家常听到的环钻技术。这种做法明显需要较长的作业时间，当孔径、材料厚度增大时，负担也会增大。孔数越多、孔径越大、材料越厚，UV 激光加工与 CO_2 激光加工的成本差异就越大。因此，只有要求高精度、小孔径、薄介质层、高密度、无增强材料的产品，才适合使用 UV 激光加工。环钻加工的孔底如图 7.14 所示。

所谓混合激光系统，是组合应用了 DPSS UV 激光与 CO_2 激光的设备。其中，UV 激光用来精准加工铜箔，而 CO_2 激光用于快速加工介质。业者采用的典型 UV 激光，以 Nd:YLF（掺钕氟化锂钇晶体）激光、准分子激光为主。CO_2 激光可有效移除介质，即便是不均匀、玻璃纤维增强的介质。不过，仅靠 CO_2 激光无法直接加工微孔（低于 $70\mu m$），也无法进行直接铜箔加工，必须经过光学系统调整及适当的铜箔表面处理后，才可发挥作用。另外，CO_2 激光在一般条件下比 UV 激光的单位时间产出多；但面对小孔径纯树脂介质加工时，UV 激光的优势就会逐渐显现。

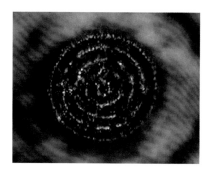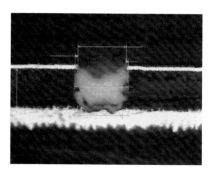

图 7.14　环钻加工的孔底

7.3.4　激光系统的使用状况

HDI 板用的激光系统，包括 CO_2 激光系统与固态介质 UV / YAG 激光系统。CO_2 激光系统的功率高，加工快，操作中有较多热量带入，基材烧蚀及排出较不理想，加工后容易在孔边及孔底产生残渣。

IEEE 专业研究结论认为，CO_2 激光系统不论使用何种操作参数，盲孔底部都会留下 $1 \sim 3\mu m$ 残胶，所以必须除胶渣。出于加工速度及孔形控制的考虑，业者面对纯树脂材料时，使用 $1 \sim 3$ 枪加工微孔；面对玻璃纤维材料时，增加至 $5 \sim 12$ 枪，并根据材料调节能量及单枪打击时间。典型的激光波形如图 7.15 所示。

要提高加工量，可增大脉冲频率、能量强度、单脉冲时间长度，在短时间内处理更多材料。但要注意，过快的处理速度可能会产生较差的孔形，影响电镀能力。目前的厂商以使用 CO_2 激光为主，常见加工孔径为 $50 \sim 100\mu m$。部分特殊设计，也有孔径大到 $250\mu m$ 的案例。由于 CO_2 激光的光源直径较大且景深较小，因此不利于非常小的孔的加工，但对于一般盲孔加工有加工速率高、成本低的优势。

UV 激光虽有两大类，但较普及的是 YAG 激光。准分子激光目前在电路板应用领域较少见。它们的主要特性是能量密度高，加工行为是分解蒸发。因为带热较少且属于材料分解模式，不容易产生过量残渣、孔底留胶等问题。又因为铜面的能量吸收率高，也可做铜面直接加工而不受吸收层处理的影响。曾有业者尝试以 UV 激光加工通孔，如图 7.16 所示。

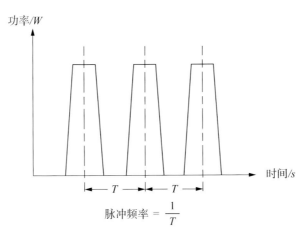

$$脉冲频率 = \frac{1}{T}$$

图 7.15　典型的激光波形

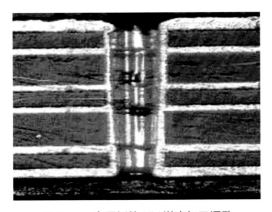

图 7.16　多层板的 UV 激光加工通孔

　　UV 激光束直径小，整体功率也不大，加上玻璃纤维的吸光率低于 10%，虽然工程上可行，但实际应用并不理想。对于特殊产品，确实有厂商尝试用准分子激光加工通孔，但这属于特例。

7.4　其他成孔技术

　　除了机械钻孔、激光成孔，还有其他成孔技术可用。例如，等离子体蚀刻、感光树脂蚀刻、喷砂、化学蚀刻等，都可用来选择性移除介质材料，这些方法也都曾部分用于不同的制作领域。但因为使用者属少数，笔者在此将重点放在感光成孔上。

　　首先采用感光成孔技术量产的是 IBM 公司，他们的 SLC 技术最具代表性。这种技术的着眼点在于制作微孔时采用曝光技术，可一次完成，不受孔密度的影响。但这种技术依赖感光材料，其用于介质材料的最大问题是可靠性。多数感光材料会添加丙烯酸酯，这会使材料强度、稳定性、吸湿性、玻璃化转变温度（T_g）等性质变差。但是，减少添加量又想保持树脂性质时，容易发生感光性及制作能力变差的问题。因此，在材料配方选用及操作性的矛盾下，材料特性备受考验。

在孔连接结构上，如果要采用跳层连接，感光成孔技术也会对某些结构力不从心。加上感光材料本身的单价就高，制作出来的材料也未必便宜，而曝光制程不稳定，其微孔制作能力备受考验。

虽然某些材料商一直声称可用感光成孔技术制作直径小于 30μm 的孔，但实际成功案例有限。因为产业界在乎的是，实际量产在线的产品究竟会有多少使用这种技术？良率又是多少？就实务眼光看，孔径偏小时采用感光成孔技术，就已经对生产良率产生了极大影响。

另外，在表面金属化方面，使用感光成孔技术制作电路板，理论上可获得超薄底铜，这对细线路制作确实有正面意义。但相较于使用铜箔的制程，它的铜金属与基材结合力的稳定性及强度就受到了质疑。尤其是感光树脂经过化学粗化处理后，产生的表面会因为感光添加剂的影响而变差，因此操作宽容度相对较窄。

从另一角度看，除了少数设计，多数电路板都将线路设计规格定义在 50μm 以上，不使用全面树脂生长技术也可达成。因此在激光技术普及后，电路板的制作方向就逐渐转移。目前 HDI 板的制作，仍然有厂商使用感光型树脂制作产品，不过数量相对较少。

7.5　微孔加工质量

微孔加工是 HDI 板制作的基础：若没有良好的微孔加工质量，根本谈不上 HDI 技术。成孔质量的好坏有基本指标，如孔内清洁度、孔形、孔偏、孔圆度、孔内及内层有无受损等。

微孔的孔内清洁，可分为通孔及盲孔两部分探讨。对通孔而言，当孔径小于 150μm 时，若采用机械钻孔，容易产生排屑不良的孔塞现象。这种现象可能导致除胶渣时药液不流通，造成孔内清洁度不佳的质量问题。微孔导通不良或分离，是这类现象的典型缺陷。

盲孔更麻烦，由于孔接触面积很小，对界面间的导通状况更加敏感。最容易发生的问题是激光漏加工，能量变异造成底面积不足或残胶。当然，也有可能因为除胶不良而导通不良。图 7.17 所示为典型加工不良造成的盲孔清洁不足缺陷。

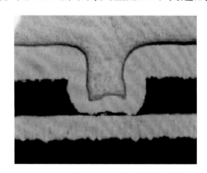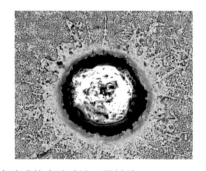

图 7.17　典型的盲孔加工不良造成的盲孔清洁不足缺陷

孔形问题是另一个令人头痛的课题。对通孔而言，孔壁质量直接影响后续电镀制程，尤其是孔壁粗糙度及纤维突出问题。图 7.18 是典型的孔壁粗糙造成的通孔质量问题。

图 7.18 通孔孔壁粗糙造成的通孔质量问题

盲孔加工较怕产生葫芦孔。这意味着激光加工能量设置不当，会造成后续电镀不良。传统通孔都是双边贯通，但盲孔因为单边开口，会有药液交换困难的问题。生产厂会采用不同工具做制程中的质量监测，以保持应有的孔质量。图 7.19 所示为典型的盲孔质量监测范例。

生产流程中，一般会利用显微设备做孔形观察与管制，同时监控盲孔底部残留树脂，以防止激光加工异常。另外，进行整体盲孔孔形控制时，会用轮廓仪做非破坏性孔形检查。图 7.19 左侧是盲孔圆度的监控照片，中间是盲孔底部的观察照片，右侧是轮廓仪的监控照片。可惜的是，这里没有办法观察到盲孔顶部的孔缘长角问题，这个问题必须用三维显微镜观察。

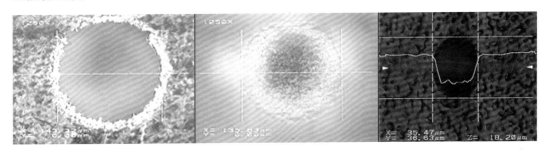

图 7.19 典型的盲孔质量监测范例

孔形不良，在金属化制程中极容易发生金属处理不良或应力集中造成的可靠性问题。图 7.20 所示为激光加工能量设置不当产生的孔缘长角。

通孔孔偏属于常识，这里不讨论。但盲孔因为高密度，加上多次增层，很容易发生孔偏。孔偏又分为底部加工孔偏与顶部加工孔偏两类，这些都与基板尺寸胀缩及对位采用的基准系统有关。

其他缺陷多数与激光加工能量及加工范围有直接关系，如加工的圆度，常受设置加工扫描范围的影响。单次加工扫描范围越大，边缘孔形偏椭圆的情况越严重。这种情况虽不一定会产生孔内质量问题，但对于 HDI 板对位是大问题。

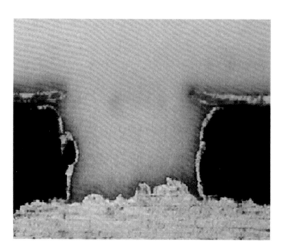

图 7.20   激光加工能量设置不当产生的长角现象

孔内无受损是通孔的一般性需求，但对盲孔又有不同意义。采用激光成孔或感光成孔时，盲孔底部会受到激光能量或反弹能量的攻击；又或者因为曝光、显影而产生盲孔底部侧蚀的质量问题。

若激光加工能量设置过高，以致介质材料产生侧面剥离现象，则后续湿制程处理会有渗镀问题，这会影响最终产品的可靠性。盲孔底部衔接层，若用过高能量加工，同样可能损伤底部基材，造成板内空洞的可靠性问题。这些都是加工要注意的事情。

孔的形成一直是 HDI 板的重要议题，不论制作技术如何改变，以微孔做不同金属层导通是个持续的话题。对于将来的光波导技术，微孔技术仍是重要课题。

第8章

除胶渣与金属化技术

成孔与金属化是制作可靠通孔、盲孔的关键制程。除胶渣的功能是移除成孔后的孔内残留物，排除孔底焊盘可能产生的互连问题，让后续金属化有效作用并获得紧密连接。孔底残留源自激光加工热反应残留与未完全移除的材料残留。使用碱性高锰酸盐、等离子体或两者混合除胶渣，不仅要清除残留物，还希望产生适当的树脂粗糙度。树脂粗糙度可以提高后续沉积材料的结合力，同时可改善整体表面活性，让沉积更均匀。这对吸附导电材料，如直接电镀、钯催化剂、传统化学沉铜都有帮助。

针对通孔、盲孔的可靠性研究显示，长期可靠性非常依赖孔铜电镀质量与均匀性。另外，许多业者并没有意识到，其实良好的孔壁金属化程序也是后续电镀均匀性是否良好的关键。孔壁导电顺畅与否，会影响后续电镀铜的持续性及与树脂、增强材料（如玻璃纤维）的结合力。目前，有以下几种制程可用来实现孔内金属化：

◎ 化学沉铜

◎ 直接电镀

目前的商用金属化工艺已可稳定处理通孔和盲孔，让这些区域有稳定的导电性，相关技术会在后续内容中讨论。不过，要顺利完成金属化，首先要有良好、完整的除胶渣程序，它是孔内金属化良好与否的基础。

8.1　等离子体除胶渣

采用等离子体除胶渣，可免除湿制程问题，同时可减少化学废弃物和用水量，降低各种化学品费用。因为不需要使用大量化学品、槽体维护，也可降低作业成本。使用等离子体蚀刻，全板都会放到真空舱内接受适当反应气体，之后提供能量将气体转换成活性等离子体。等离子体会对整个板面反应，反应产生的挥发性气体及副产品（树脂胶渣）靠真空泵排出。

等离子体除胶渣会使用相关惰性气体，如氮气或氩气等。稳定等离子体并控制离子化速率，反应性氧粒子会氧化表面有机残留及污染物，产生挥发性物质及小破碎粒子，这些副产品都会通过真空泵排出。增加活性物质，如 F_2、CF_4、CHF_2 等，可提高蚀刻速率，缩短反应时间。

仅使用等离子体除胶渣的潜在缺陷是，会留下处理不全的树脂，且常以钝化状态存在。若不小心处理，会导致金属化问题，如空洞、电镀结合力缺陷。等离子体处理后适当进行碱性高锰酸盐处理，是有效的修正方式。此外，对于某些 HDI 板，也有可能有等离子体的使用限制。首先，等离子体会在介质底部或铜箔下方产生环状侧蚀，因为多数电路板用等离子体呈各向同性。侧蚀刻是各项同性作用的天性。侧蚀作用过大，可能会对后续孔的可靠性、电镀制程产生负面影响。不过，若侧蚀不大，问题就小得多。

一个可能的限制是，需要在电镀铜前进行微蚀处理，去除悬铜。这与等离子体处理程度及铜箔厚度有关。当悬铜本身较薄又较短时，处理难度并不大。不过，这类处理还必须留意孔底铜的微蚀，微蚀过度还是会对电镀及长期可靠性产生影响。一般业者常采用硫酸 – 过氧化氢体系做多次微蚀处理。

8.2 碱性高锰酸盐除胶渣

不同于一般干式等离子体处理，碱性高锰酸盐处理是一种多步骤制程，可用来清除胶渣并形成树脂粗糙度。除胶渣制程可去除残胶，同时让化学沉铜、电镀铜能够与内层基材正确结合。除胶渣制程也被用来构建树脂表面条件，让催化剂与化学沉铜可良好结合。碱性除胶渣制程包含以下四个主要步骤：

◎ 溶剂 / 膨松剂处理

◎ 高锰酸盐处理

◎ 中和处理

◎ 玻璃蚀刻（选择性）

▌溶剂 / 膨松剂处理

使用溶剂的目的是膨松树脂，让它较容易被后续的高锰酸盐溶液攻击。重要参数包括浸泡时间、化学品浓度及温度。若溶剂浸润时间短，则高锰酸盐清除量小；若溶剂浸润时间长，则溶剂可能会过渗透，导致树脂经过高锰酸盐处理后残留不必要的膨松结构（也被称为"海绵结构"）。

▌高锰酸盐处理

使用高锰酸盐的目的是氧化和清除树脂。溶液中包含高锰酸盐与氢氧化物。重要参数包括浸润时间、高锰酸盐与氢氧化物浓度、温度、残渣量。若高锰酸盐浸泡时间偏短，则树脂无法正确清除；若高锰酸盐浸泡时间长，清除了过多树脂，则会产生不平整孔壁。浸泡时间过长，也可能产生过低粗糙度的孔壁，这是过度攻击、溶剂膨松树脂所致。

▌中和处理

中和处理的目的是清除任何可能残留在板面的高锰酸盐。重要参数包括浸泡时间、硫酸和中和剂浓度、温度等。高锰酸盐残留在板上，会遮蔽催化剂的吸附，导致树脂部分的化学沉铜空洞、孔壁分离等问题。而残留可能产生的污染也会损害焊盘的电镀结合力，严重的会看到镀层分离。

▌玻璃蚀刻

玻璃蚀刻（若需要）的目的是从孔壁移除部分玻璃纤维。重要参数包括浸泡时间、硫酸浓度、蚀刻液浓度、温度等。玻璃蚀刻步骤可与中和处理整合，不过分开可能对维持低的制程成本较有利。

有效执行除胶渣，必须维持正确的作用时间、控制化学品温度与浓度。水洗也相当重要，正确的水洗可减轻槽间污染，同时维持较好的水洗与电路板质量。除胶渣的关键是遵守所有水洗的浸泡时间，特别是在溶剂处理与高锰酸盐处理之间，不正确的水洗时间可能会导致树脂粗糙度不良，而不良水洗也会增大中和剂的消耗。

要理解的是，传统电路板采用的基材多是四官能环氧树脂制品，除胶渣处理可产生适当的表面粗糙度。但面对无铅焊接与封装载板需求，许多 HDI 产品会采用高性能树脂。这类材料难以除胶渣与构建表面粗糙度，制造商可能需要调整高锰酸盐处理的作业参数。

这类树脂几乎无法做到最佳表面粗糙度,而成为后续金属化制程的难题。平滑面的表面积较小,吸附催化剂、化学沉铜、直接电镀药剂等物质的能力都会降低。图 8.1 所示为高、低两种玻璃转换温度树脂的表面处理结果比较。

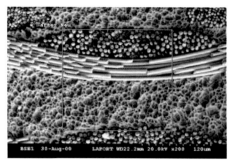

(a) 四官能 140℃ T_g 环氧树脂

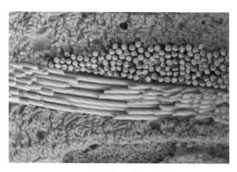

(b) 高性能、高 T_g 树脂

图 8.1　除胶渣后的树脂表面状态比较

高 T_g 树脂有较高的耐化学性,除胶渣溶剂必须有能力渗透到高分子树脂的化学键,同时还要能弱化这些高分子化学键。这种作用被归类为膨松。一旦产生膨松,弱化的化学键处就较容易被攻击,在碱性高锰酸盐溶液作用下氧化。氧化发生的位置会形成蜂巢状外观。不过,当渗入树脂的溶剂较少时,表面出现的蜂巢结构也会减少。

应该理解的是,修改溶剂体系可能无法溶解这些树脂。而通过膨松作用,溶剂也成为进一步渗透浸润的障碍,会产生自我局限现象。这就可以理解,为何高 T_g 材料的除胶速率较低。但经验告诉我们,树脂移除量不是表面处理的关键因素。表面处理的要求是,提升催化剂、化学沉铜、直接电镀材料的吸附,有良好导电基础才能进行有效电镀。

▎特殊状况

除胶渣也要小心,不要过度处理盲孔内树脂。过长的浸泡时间、过高的温度和化学品浓度,会导致树脂与焊盘衔接处侧蚀,容易产生沉积或电镀空洞缺陷。

8.3　化学沉铜与直接电镀

化学沉铜制程用来做板面与孔壁铜沉积,目的是让孔具有导电能力,并让后续酸性电镀铜能在此基础上生长。化学沉铜制程包含四个主要的前处理步骤。

▎清洁与整孔

清洁与整孔用于清除板面、孔内污渍,同时可调整玻璃布与树脂表面特性,以确保催化剂能正确吸附在表面。浸泡时间、化学品浓度与温度都是重要参数。

▎微　蚀

微蚀可用来提高铜面微观粗糙度,改善化学沉铜与基材的结合力。重要参数包括铜离子含量、硫酸浓度、氧化剂浓度、浸泡时间、温度。微蚀太少可能会让化学沉铜结合力偏低,微蚀太多则会降低铜箔厚度并将产生内层铜的回蚀。

▌ 催　化

催化是要让孔壁吸附钯。钯会成为后续化学沉铜的基础。这个步骤会在化学槽前配置预浸槽，以去除氧化物，同时减少带入反应槽的铜离子污染。同时，预浸槽也提供与主槽相同的离子，让电路板带入反应槽内。重要参数包括酸浓度、氯离子含量、氯化锡浓度、催化剂浓度、浸泡时间与温度等。不正确的催化，可能会导致空洞、结合不良、孔壁分离等问题。

▌ 化学沉铜

基本的化学沉铜配方非常类似，有以下五类主要成分：

◎ 铜离子来源，通常是硫酸铜或氯化铜

◎ 还原剂，常见的是甲醛

◎ pH 调整剂（一般是氢氧化钠），用来维持 pH 在 11 ～ 13

◎ 络合剂，用来抓住溶液中的铜离子

◎ 专有化学品，包括稳定剂、润湿剂、抗张力促进剂、晶粒细致剂

化学沉铜的沉积速率主要受铜离子含量、槽液温度、树脂粗糙度、钯吸附量等因素的影响。

8.3.1　微孔与高厚径比通孔的金属化

金属化 4mil 或更小直径的盲孔，厚径比为 10∶1 或者更大的通孔都是挑战。成功的关键是确保药液流动且通过通孔，在玻璃纤维与树脂上有足够的钯吸附，适当排出化学沉铜反应中产生的气泡。产生气泡会导致微孔空洞缺陷，特别是在非常小的高厚径比通孔和盲孔内。后续化学沉铜反应显示，产生的氢气有时候会滞留在孔内，这会阻碍铜的沉积。

$$Cu^{2+} + 2HCHO + 4OH^- \longrightarrow Cu + 2HCOO^- + 2H_2O + H_2$$

这个反应中，大量氢气会充满高厚径比孔，导致空洞与沉积层偏薄或不均。许多 HDI 板采用垂直设备做化学沉积，规划时要搭配适当的排气机制。孔壁是主要反应区，小直径孔制程与系统需求应该列入考虑，让药液与孔壁充分接触。单靠接触还不够，作业时确保反应时间充裕，才能彻底在较难沉积的玻璃纤维上有良好的沉积。让孔内有充分的药液交换、补充与反应是不小的挑战，避免气体滞留、产生空洞仍然是关键。

垂直设备中的药液流动必须改善，当一片电路板前后摇动时（挂架搅动），会在移动板面前方形成压力。形成的压力必须足以启动流动速率，让药液超越孔口表面张力障碍。挂架搅动有可能无法产生足够流速，确保药液交换并排出气体。药液进入孔内，会有扰流产生，之后会变成层流且流速降低。这不仅会延缓气体排出，也会限制药液交换。

当产品孔径从 0.6mm 变成 0.25mm 时，孔内药液流量会明显减小。此时若使用一般的垂直设备，反应会更困难。通孔内的药液流动是靠压力驱动的。为了避免微孔空洞问题，某些业者采用多次化学沉铜，不过从成本与产出角度看并不理想。采取以下做法，

或许可解决这个问题:

◎ 在挂架上增加振荡系统

◎ 采用特殊挂架设计,辅助浸泡

◎ 电路板倾斜配置,帮助气泡排出

◎ 在制程中采用超声波搅拌,包括除胶渣与化学沉铜前浸泡

◎ 监控槽的表面张力

许多数据都建议减小各槽药液的表面张力,特别是碱性高锰酸盐、化学沉铜溶液,以减小出现微孔空洞的风险。减小表面张力一般可通过添加表面活性剂达成。有厂商推出淋浴式垂直处理设备,利用表面流动带出气泡,进行化学沉铜处理。笔者看到的效果不错,业者可尝试测试使用。

8.3.2 水平化学沉铜

▌以直接电镀体系提升制程能力

水平制程用于通孔和盲孔除胶渣与金属化制程,对产业不是新概念。直接电镀有不少成功案例,是某些业者喜欢使用的孔内导电方法。不过,化学沉铜仍是较多业者使用的方法,目前全球的多数工厂采用这种方法。

图 8.2 水平黑影线

业界有几种直接电镀体系,药剂供应商提供的作业方式都是将溶液从母槽循环到各种设计的反应槽作业。反应槽会搭配喷流盒、水刀、喷嘴等不同机构,以辅助反应。图 8.2 所示为典型的水平黑影线。

多数制程的反应槽都倾向于使用喷流盒或水刀设计,不过水洗会使用喷嘴。喷流盒或水刀设计有利于反应溶液通过孔,有助于改善孔的润湿并确保足量药液接触孔壁。喷流药液不仅让反应化学品可充分接触孔,也可辅助副产品移出。而水平传送的电路板,也可将喷流口与电路板距离拉近,帮助化学品与孔壁接触。

基于这种做法,电路板以水平输送通过各个金属化制程反应槽。在特定反应槽,如清洁与整孔,还搭配超声波发生器辅助药液交换。溶液以高压通过喷流盒,电路板通过反应槽就可充分承受冲击。图 8.3 所示为水平设备喷流设计,直接电镀制程的清洁与整孔模块大部分都采用这类机构,流体受到喷流盒高压而提升了冲击效果。与传统垂直设备比,它有更多的药液在单位时间内在孔内交换。某些水平设备还利用封闭挤压、边喷边抽等作业模式,增加药液交换量。

使用水平制程做清洁处理时,建议采用超声波辅助液体搅拌。经验证明,超声波可提升孔壁润湿能力,对高锰酸盐处理、溶剂处理、整孔等流程都有帮助,可缩短处理时间。超声波可有效清洁孔壁、改善玻璃纤维润湿能力、帮助清除掉落颗粒,这些都是排除空

图 8.3　水平设备喷流设计

洞的重要机制。超声波靠振荡发生器形成，属于直波振荡，可让药液产生推进与退缩作用。超声波机构可在药液中产生局部小真空。这些局部性空洞的产生与消失会产生振荡，帮助药液交换与物质移动，可提升药液交换频率与反应效率。

为获得一致的孔内反应质量并缩短浸泡时间，制程设计必须调整药液配方。缩短浸泡时间，才能让设备成本效率提升且方便管理。标准化学沉铜比直接电镀需要更多步骤，典型的化学沉铜制程如图 8.4 所示。

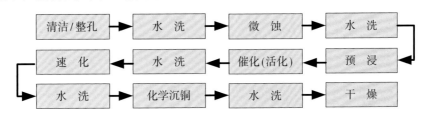

图 8.4　典型的化学沉铜制程

有些化学沉铜系统采用自我加速设计，电路板经过催化处理与水洗后，被直接移入化学沉铜槽。实际加速作用（移掉钯周围的锡）在此发生，并启动化学沉铜反应。

8.3.3　直接电镀

通孔和盲孔直接电镀采用替代法做孔壁导通，孔壁导电性会影响铜的沉积。这些直接电镀技术，可在无传统化学沉铜层的情况下直接镀铜。这类技术几乎都采用水平设备。不过，经适当设计也可用垂直设备。这些制程的典型作法，包含一个沉积导电材料，如钯、导电高分子材料、石墨或炭黑的步骤。之后进行电镀，这样就可实质性地剔除化学沉铜，因此被称为"直接电镀技术"。

▍以碳为基础的制程

有两种处理方法可让非导电面经过处理后直接镀铜：一种用炭黑——非结晶材料，平均粒径约 1000Å；另一种用高结晶性石墨——有效粒径约 10000Å。结晶性石墨具有各向异性导电性，而炭黑呈各向同性导电性，涂覆后的表面特性不同。实际数据显示，石墨比炭黑的电阻低。两种直接电镀体系都广泛用于电路板制程。

（1）石墨制程：用整孔剂在玻璃纤维、树脂面产生正电荷，之后把稳定分散的石墨胶体沉积在表面，建立导电性。石墨颗粒最后与整孔剂作用而产生交联，并与围绕在石墨周围的带氢官能团的塑形剂分子作用，在树脂与玻璃纤维面形成稳定、连续的石墨膜，未与整孔剂作用的多余石墨则要在干燥前清除。

只要风刀吹过，表面多余石墨即可被清掉。不过，当通孔厚径比明显增大且盲孔直径减小时，还是会有多余的石墨材料被卡在焊盘与界面。此时，可用定形溶液清除多余石墨。定形溶液可中和塑形剂官能团，使多余石墨沉降固定。之后可靠水洗喷流，在烘干前将多余石墨清理干净。典型的石墨制程如图 8.5 所示。

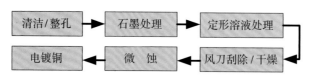

图 8.5　典型的石墨制程

（2）炭黑制程：炭黑类似于石墨，但从制程的角度看，炭黑制程没有定型处理，且常需第二道处理来提高导电性。干燥散落的炭黑和表面的炭黑，要通过微蚀去除。不过，技术改善后已可单次完成沉积。典型的炭制程如图 8.6 所示。

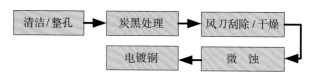

图 8.6　典型的炭黑制程

导电高分子制程

导电高分子制程，通过在树脂与玻璃纤维表面形成有机导电层来实现导电效果，可以水平或垂直模式工作。在该制程中，先进行钻孔、溶剂、高锰酸盐溶液、水洗等处理，然后进行催化、定形、干燥处理。

这个制程的关键是，高锰酸盐与树脂反应的副产物并不做中和，二氧化锰仍然保持在树脂与玻璃纤维表面作为氧化剂。催化剂含有单体溶液，如吡咯、噻吩的衍生物。有足够二氧化锰膜是关键，这样后续才能形成有足够导电性的高分子膜，让后续电镀铜顺利执行。

催化过程中，电路板利用含单体溶液润湿。在定形步骤，溶液中的酸开始氧化聚合反应。二氧化锰在酸环境下作为单体氧化剂，最终形成的导电高分子膜可直接进行电镀铜。典型的导电高分子制程如图 8.7 所示。

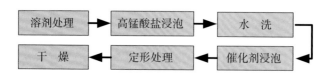

图 8.7　典型的导电高分子制程

以钯为基础的制程

使用分散钯颗粒技术让非导电表面产生导电性。钯颗粒用锡或有机高分子做稳定处理后可直接吸附在非导电面，产生一层有足够导电性的直接电镀层，以支持电镀铜。典型步骤如下：

◎ 清洁与整孔／微蚀

◎ 预浸／导电性处理

◎ 速化处理

◎ 后　浸

为了简化，上述步骤省略了必要的水洗。

有机钯制程，使用水溶性高分子形成胶体钯，可避免钯在溶液中形成凝集状态。清洁与整孔将孔壁调整成适合接受催化剂的状态，一旦钯沉积在孔壁上，还原剂便会清除有机高分子材料，让钯变成活性状态。该制程可在水平或非水平设备上成功实施。

酸钯制程，用锡将钯包围，制成胶体。待胶体钯吸附在表面后，剥除锡。商用锡钯体系会搭配适当方法提升钯处理后的导电性，其中一种技术是用含铜还原剂清除锡，让铜沉积在钯颗粒上。

直接电镀的主要问题

制造商必须理解，金属化处理的特定前制程会影响 HDI 板整体质量。直接电镀对钻孔质量的宽容度略差，要注意孔内是否有较深钻孔凿痕或楔形空洞，这类裂口超过 $40\mu m$ 深时就可能产生问题。钉头大于铜厚两倍，也可能导致小的电镀空洞。形成空洞的主因是，直接电镀最终会微蚀清除铜面残留化学品。过大的蚀刻量会导致钉头边缘产生空洞或在树脂与铜箔交接处产生不连续空洞，对制程有负面影响。

折镀是直接电镀的另一个问题。折镀多源自钻孔不良（特别是玻璃纱束被破坏的状态），这在传统化学沉铜上的影响似乎较轻微。根据其背后机理与经验，特定直接电镀体系的玻璃纤维覆盖性不如化学沉铜，因此在玻璃纱破碎区，直接电镀处理面的导电性较差。此外，使用这类技术时，工程师必须优化电镀参数，以获得最佳贯孔与整平效果。图 8.8 为典型的折镀孔。这类盲孔电镀转换为填孔电镀时，多数问题都可减轻或完全克服。

图 8.8　典型的折镀孔

8.4 半加成（SAP）制程

制作小于 50μm 线宽 / 线距的线路，许多厂商采用半加成或改良半加成技术。表 8.1 为典型的半加成制程，不同厂商使用的参数与流程不同。表内所列电镀厚度是估计范围，实际电镀厚度与铜箔厚度、电镀蚀刻均匀性等对线路制作能力都有影响。

表 8.1　典型的半加成制程

步　骤	说　明
（1）高密度芯板：以全蚀刻制作线路，线宽 / 线距为 40 ~ 50μm	底铜＋全板电镀，总铜厚为 18 ~ 20μm
（2）构建介质层到芯板上	
（3）以激光或曝光形成微孔	
（4）化学沉铜（非常薄且做严谨控制）	沉积 0.5 ~ 3μm 铜在介质层表面
（5）贴膜、曝光、显影形成电镀图形	
（6）电镀铜到 15 ~ 20μm 厚度	电镀区铜厚：面铜 22μm/ 孔铜 17μm 或面铜 23μm/ 孔铜 19 ~ 20μm（填孔电镀除外）
（7）退膜	
（8）快速蚀刻	维持面铜约 19μm/ 孔铜为 16 ~ 18μm
（9）重复以上步骤，产生多层结构	

半加成制程可用于精细线路制作，但需要良好的制程控制。量产首先出现在日本，为制作细线路，该制程被改进过多次。核心方向是将底铜（含铜箔、化学沉铜、电镀铜）厚度保持在适当水平，之后以适当图形转移技术制作电镀图形，再电镀铜，完成后将底铜蚀刻干净。部分厂商用减铜法减小铜厚，但精准控制仍然困难。依据笔者经验，该制程不适用于 35μm 以下线宽 / 线距的线路制作。图 8.9 为典型的化学沉铜半加成制程。

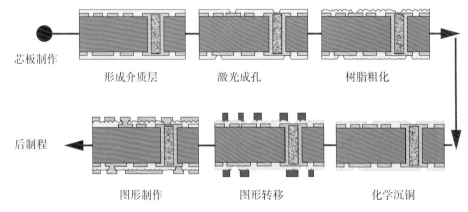

图 8.9　典型的化学沉铜半加成制程

目前多数厂商的细线路制程，倾向于不在线路上电镀锡。虽然电镀锡有助于减小铜线路电镀厚度，但会产生贾凡尼效应与蚀刻水池效应，侧蚀影响大，不利于线路均匀性控制。另外，若不需要电镀锡，用的电镀干膜厚度也可减小，这对曝光分辨率有正面意义。

业者称使用覆铜箔基材的 SAP 制程为"MSAP"，而将一般直接用化学沉铜制作底铜的制程称为"SAP"。SAP 没有铜箔参与，因此介质层表面有足够微观粗糙度，有了粗糙度才能获得介质层与电镀铜层间的结合力。

目前，无铜箔介质层材料来源有限，业者普遍用干膜做介质或进行 RCC 除铜。前者以日本味之素公司制作的热聚合干膜材料（ABF）为主，后进者有多家供应商，但到目前为止都还不够普及。真空贴膜后的 ABF 膜表面状态如图 8.10 所示。

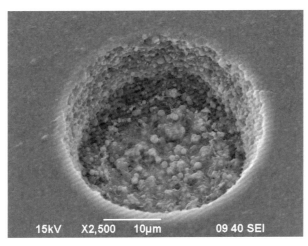

图 8.10　ABF 介质层除胶渣前的外观

以这种表面状态直接做化学沉铜处理，铜层必然会脱落。材料必须进行除胶渣，产生适当纹理，为后续化学沉铜提供足够的结合力。结合力可用剥离强度表示。SAP 除胶渣设备有垂直的和水平的，处理所得表面粗糙度与最终铜面剥离强度有关。除胶渣设备的特性见表 8.2。

表 8.2　水平、垂直除胶渣设备的特性比较

水平设备	垂直设备
·增层树脂面粗糙度与外貌不只受药液影响，也与设备部分（如超声波、喷流等）有关	·增层树脂面粗糙度与形貌主要受药液的影响
·设备状态会影响均匀性	·有良好均匀性
·不同类型的设备会造就不同表面粗糙度与外貌	

图 8.11 所示分别为垂直、水平设备除胶渣后的树脂外观。看起来似乎外观与剥离强度相近，但剥离强度不仅与粗糙度有关，也与化学沉铜处理有关。

SAP 的化学沉铜应具备一些特性，如沉积均匀、树脂结合力良好、盲孔底部沉积良好等。SAP 的原始目的是制作精细线路，未来势必会持续面对小孔径与细线路发展，小于 35μm 的孔与小于 10μm 的线路会日渐重要。面对线宽/线距的减小，沉积铜要有更大的剥离强度与低应力。常见沉积铜厚度范围，过去是 1.5 ～ 2.0μm，而更精细的线路制作

已经修正到 0.4 ～ 1.0μm。但就算厚度减小，导电性仍然要确保。为了减小制程受化学品变化的影响，有业者已经尝试采用溅镀法金属化。

图 8.11　垂直、水平除胶渣后的树脂外观比较

另一方面，为了应对更精细的线路制作，介质材料采用的填料的直径也随之减小，这使得介质表面变得更平滑，不利于电镀结合力。

第9章

细线路显影与蚀刻技术

HDI 图形转移，对蚀刻的要求比较严。要得到更小的线宽 / 线距、更小的孔环，对于图形电镀，就更需要关心底片质量、曝光参数、表面前处理等。

到目前为止，接触式曝光仍是标准电路板图形处理方式。采用接触式曝光制作细线路有两个主要问题，就是非曝光区的漏光与脏点。投射式曝光与激光直接图形制作，有潜力避免这类问题出现，但成本高，适用范围仍然有限。本章将基于实操，同时讨论相关设备、材料选用及如何做各种图形转移。

9.1　双面处理铜箔

业界使用双面处理铜箔的产品有增多的趋势，三井金属与古河电工在这类产品上都有着力。增多趋势源于以下主要原因：

◎ 双面处理铜箔虽然比传统铜箔贵，但是它在特定应用中的价值可平衡这方面的付出

◎ 双面处理铜箔不需要使用多层板进行增强结合力的处理，可避免粉红圈等潜在风险

◎ 对于非常薄的铜箔，将部分面铜转换成增强结合力的氧化铜有困难，此时双面处理铜箔就大有用武之地

◎ 压合前没必要做粗化前处理，可降低成本。更重要的是，内层板相当薄，磨刷、喷砂都会产生无法接受的扭曲问题

双面处理铜箔未必能与湿法贴膜兼容。不过有些厂商经过验证发现，可以通过调整部分参数来适应。使用这种材料的另一个问题是，铜面容易产生残留或氧化，不利于表面自动光学检验。

Polyclad 曾推出过电镀鼓面（光面）处理的铜箔，三井金属也推出过类似产品。制作出电解铜箔后，电镀鼓面都相当光滑，而较粗的铜面是药水面。这种反面处理铜箔，仅对光面做锌化处理，作为压合介质材料的面；而粗面则准备与干膜结合。粗面不需要做机械或化学前处理就可贴膜。不过也因为表面过粗，做湿法贴膜较好。省掉酸性清洁去氧化、去铬层是有争议的，如何用这种材料生产要仔细考虑。

阻抗控制与细线路蚀刻的需求，加速了低轮廓铜箔的发展。这类铜箔产品都有较细致的晶粒结构。低轮廓意味着平滑，使得面向介质的铜面纹理较均匀。细晶粒铜箔供应商有三井、古河等公司，采用这类铜箔制作线路可得到较好的良率、线路边缘平整性和蚀刻因子。低轮廓铜箔与传统铜箔的线路制作效果比较如图 9.1 所示。

用这类铜箔制作的基材，也呈现较好的共面性，特别是搭配不织布材料做压合时。这种发展符合表面贴装所需的细节距引脚需求，表面线路光致抗蚀剂与阻焊涂覆可较薄，有利于细线路与高分辨率阻焊制作。虽然研究显示良率改善未必完全来自细致晶粒，但这种低轮廓铜箔有利于快速蚀刻，仍会对线路质量有帮助。

业者常用超薄铜箔制作 MCM 与 BGA，前处理除掉的金属量是个问题，选用适当前处理降低铜损失量对于这些产品相当重要。为了提高材料的可操作性，业者开发了较硬

的三明治结构，如铜－铝－铜、铜－铝、铜－铜等叠构。这样一来，作业人员容易操作超薄铜箔、免除表面清洁、避免铜面受环氧树脂污染，除单价较高外，多数特性都是正面的。

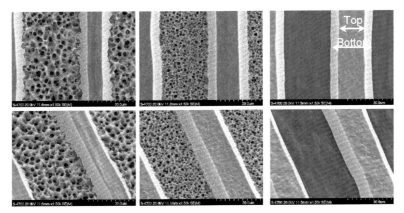

图 9.1 低轮廓铜箔与传统铜箔的线路制作效果比较

9.2 显影前处理

细线路与高密度图形的制作，需系统性方案。制程须将干膜与铜面结合力维持在较高水平。规划制程时须将铜面前处理列入干膜结合力考虑，理想铜面（得到最佳干膜结合力）需要特殊制程与工具。表面前处理随产品结构的变化而转变。处理薄板（如 2 ~ 3mil 介质层搭配 1/2oz 以下铜箔）时，一定要避免损伤或扭曲。

9.2.1 氧化铝喷射磨刷或磨刷清洁

氧化铝（Al_2O_3）喷射处理设备是日本石井表记公司首先导入的，其后有不同公司制作这类设备，意大利 IS 公司则供应氧化铝刷轮型设备。喷射磨刷不该与一般喷砂混为一谈，两者最大的不同在于喷射磨刷的氧化铝崩解速度不会像喷砂那么快。以粒径分布看，这种磨刷的氧化铝颗粒寿命长得多，也就是颗粒变圆、平滑的速度较慢，因此维护率低、停机少、废弃砂粒排出少。图 9.2 为经氧化铝喷射处理的较平整表面，不利于干膜结合。在细致颗粒形成前，必须更换氧化铝。氧化铝喷射设备供应商很难提供关于氧化铝的适当更换、补充准则。

氧化铝颗粒的尺寸等级，会因为制程需求而改变。根据磨刷设备商的研究，刷轮带动氧化铝处理比直接喷射处理的表面更粗，数据也显示喷射对薄板的拉伸影响比磨刷带动的大。降低喷射压力，可减小拉伸扭曲的影响，但也降低了表面粗糙度。

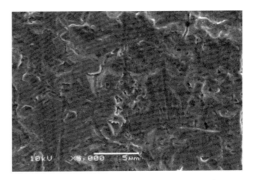

图 9.2 经氧化铝喷射处理的较平整表面

为减小机械表面处理引起的薄板扭曲,业者应尽量避免对薄板进行机械处理清洁,而是要采用化学清洁(微蚀或酸洗)。部分厂商用电解清洁法做前处理,来清除铜面的铬,可将前处理对薄板尺寸的影响降到最低。

也有厂商不做清洁处理,直接用双面处理铜箔、反向处理铜箔等已具有表面纹理的铜箔。只有较厚的材料,业者才会利用氧化铝粉做喷砂、喷射磨刷处理,这主要是出于成本与生产效率的考虑。低轮廓、细晶粒铜箔与不织布介质(如芳纶基材),可让基板压合制作出较平整铜面,有利于贴膜和细线路制作。业者的相关想法与发展状况,笔者整理如下。

9.2.2 贴 膜

卷式贴膜通过加热滚轮,并将热传导到保护膜,加热干膜与铜面,直至干膜软化变形,与铜面产生良好结合。滚轮可用各种方法加热,包括卡式加热器、表面加热器等。这些加热器多数都紧密贴附在空心滚轮的内面。

压力可能比温度还重要。要获得适当变形量,除达到适当温度让干膜软化外,更重要的是有适当压力驱动干膜紧贴板面。加热的主要作用是降低干膜的黏度,使其能适当流动并发挥填充性。

另一个更直接的加热法是,在电路板贴膜前预热。预热处理可利用热滚轮实施,如Hakuto 贴膜机就是用三个滚轮进行电路板预热。当然,也可用 IR 类加热器预热。预热系统有一定的设备成本,且多数贴膜机都设置在无尘室内,这就需要操作空间,耗电且又与空调系统相冲突,因此规划这类设备时要考虑必要性。电路板厚度大,预热必要性就大;电路板厚度小,就可以考虑降低贴膜速度,不使用预热设备。

贴膜的主要控制参数包括贴膜速度、压力、温度,三者的调整需要联系制程需求、使用物料。要获得期待的干膜/铜面温度,并能在可接受贴膜速度下作业,相关加热、线速度、操作压力都要适当调整。业界较有趣的现象是,干膜常设计成高黏度,以避免侧边渗漏。对于这种状况,建议设置预热系统。干膜与电路板铜面界面处的实际温度,与接触热源的时间和温度、材料导热系数、材料热容量等有关。接触时间是贴膜速度、滚轮接触面积的函数,固定贴膜设备都可依据经验微调参数。

贴膜机出口温度,要依据电路板类型而定。较理想的情况是,维持电路板在贴膜机出口处的表面温度接近干膜 T_g 值。当然,对于不同的铜箔表面状态与干膜类型,也可能需要调整出口温度标准。一般规则是,使用的干膜若较硬且呈现高黏度,出口温度标准就该高一点。

干膜与铜面界面处的实际温度,必须进行间接监控。而控制变量包括热滚轮温度、贴膜速度、预热位置、预热温度等。出口温度测试点,一般是电路板经过滚轮受压点刚离开时的位置,就是贴膜作业监控干膜/铜面界面处温度的建议测试点。

一般贴膜作业都有理想的操作范围,业者最好对特定干膜做测试,找出最低操作温度下仍能维持干膜结合力的条件。同时,尝试将操作温度、压力等条件拉到最高水平,看什么样的水平会发生膜皱。如此整体作业就应该尽量维持在两者之间，并找出中间的最佳参数用于生产。

9.3　曝光与对位概述

9.3.1　图形制作的基础——曝光

接触式图形制作，通过转移底片上的图形到感光高分子材料表面，形成所需的图形。它靠特定能量的 UV 穿过底片透光区，启动感光高分子材料的聚合，而遮光区不会发生聚合。聚合作用应该被合理分隔，当透光区高分子材料开始聚合时，遮光区要有足够的遮蔽剂，让聚合作用无法跨越聚合界面。遮光区的高分子材料，有可能受到散射光的作用，因此聚合动作要够快，快到超过遮蔽剂扩散速度，以降低散射产生的分辨率衰减问题。

若曝光设备光源是平行光且垂直于受光面，在没有偏斜角也没有散射的情况下，应该可以得到较好的曝光效果。不过这种状态难以完美达成，还是会有少量散射光到达非曝光区，发生局部高分子材料聚合。这种非预期部分的感光，可通过将底片与受光面尽量拉近而减少。图 9.3 所示为接触式曝光的原理。

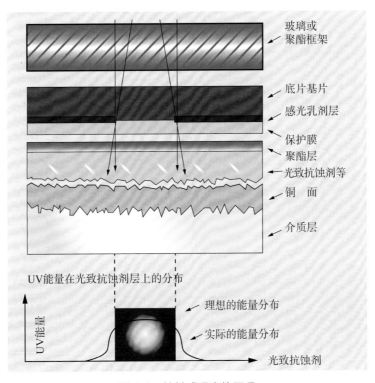

图 9.3　接触式曝光的原理

9.3.2　直接成像（DI）

业者发展出了几种替代接触式、非接触式曝光的技术，较受注意是直接成像（DI）。

当然，还有其他类型的成像技术，有些已退出市场或商品化。这类不需要使用底片的系统，仍然持续在光源、波长、成像模式、作业方法等方面继续改进。有多家公司在不同时期开发了不同的概念机，但可惜的是整体产业成熟度未达到相应的水平，又陆续退出了市场。

依据笔者了解，目前有超过 10 家厂商在开发这类曝光设备，如 Dainipon Screen、Fuji Film、Hitachi Via、Maskless、MIVA、Orbotech、ORC、大族数控等。每家厂商都有其特殊性，且进入市场的时间先后不一，笔者仅将所知的主流厂商的发展状况整理为表 9.1。

电子元件小型化、多功能化，明显影响了技术发展。厂商必须具备生产 HDI 板的能力，并能快速降低成本及缩短制造时间。电路板互连密度仍在增长，封装载板已要求达到 10μm 以下线宽 / 线距的水平。HDI 成像设备不但要有高分辨率，还要有高对位能力，现有图形转移技术无法提供完整的解决方案。直接成像技术是新技术之一，可以不用底片而直接制作线路图形。

表 9.1　直接成像技术厂商的现况

厂　商	设　备	特　性
Dainipon Screen	Mercurex 系列	使用高压汞灯管光源（波长 350 ~ 420nm），阻焊曝光效果良好
Fuji Film	INPREX 系列	光源以 350 ~ 410nm 波长为主，可快速生产 15μm 线路，正在开发阻焊曝光系统
Orbotech	DP100™ DP-100SLTM	早期机型，DP-100 使用 Argon-V 激光，耗电，不实用，已淘汰
	Paragon™ 系列：6600i、8000、8800、9000	用于普通电路板生产，可搭配高感光度干膜增加产出
	Ultra 80	高分辨率机型，主要用于载板制作
Hitachi Via	DE 系列	以波长 405nm 为主的线路用曝光机，用专利镜片可实现高分辨率
ORC	DXP 系列	可用于线路与阻焊制作的机型，波长 405、355nm 的都有
大族数控	LDI8000	最小线宽 25μm，对位精度 15μm，光源 405nm，市场仍以普通 HDI 板为主

这类曝光作业，以光源扫描感光材料激发反应，靠计算机控制光源开关完成数字曝光。有不少这类设备采用激光源，可应对多数传统的光致抗蚀剂，部分机型也采用卤素高压灯管。这类直接成像设备搭配专用膜的产出速度，已经超越传统接触式曝光机，使得制造商乐于将直接成像作为替代传统曝光的重要技术。

目前，直接成像系统使用高速干膜，生产率可达每小时三位数以上的曝光次数，除了阻焊的批量应用仍在努力，已经被认定为可用于大量生产。直接成像系统对降低制程成本有贡献，这可从以下几个层面看：

　　◎ 可节约底片制作与储存成本，尤其是使用玻璃底片、小量生产但需要多张底片的应用

◎ 节省不同料号间更换底片与设定的时间

◎ 缩短使用底片的首件质量确认时间

◎ 可弹性调整成像参数，符合生产实际需求而不会明显影响产出

◎ 可缩短制造时间，及时搜集资料监控制程及改善质量

◎ 排除了与底片相关的成像缺陷

◎ 减小了温湿度、粉尘等环境因素对成像质量的影响

在节约成本、良率改善方面，这类系统也有以下技术性优势：

◎ 可用较小光点改善成像分辨率

◎ 可简单做出小于 50μm 的图形

◎ 使用 CCD 与软件调整也可改善对位能力

◎ 可利用软件做随机补偿，以提升对位水平

过去业者使用底片曝光，总是要面对温湿度变化产生的扭曲变形、胀缩、操作损伤等问题。这类系统不再采用底片，可改善对位能力与操作性。此外，使用 DI 技术曝光，以 CCD 系统与靶标对位，可采用全板、分割、随机补偿等曝光作业模式，这些改变都有助于提升线路制作的对位能力。典型的 DI 设备如图 9.4 所示。

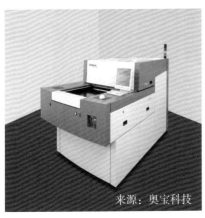
来源：奥宝科技

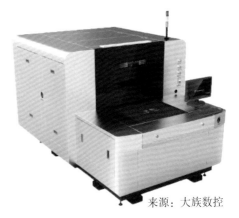
来源：大族数控

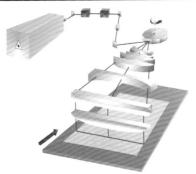

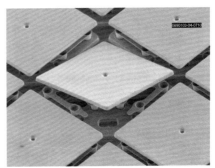

(a)激光扫描系统设计　　　　　　(b)DMD扫描系统设计

图 9.4　典型的 DI 设备

9.3.3 投射式图形制作

设备商也开发了投射式图形制作技术，其中最知名的是步进式（step-and-repeat）技术——它已经是 IC 图形制作的标准技术，但进入电路板制作领域不算太久，特别是塑料封装载板。电路板用的投射式曝光系统并不使用传统底片，而是单独制作专用底片，利用阵列法结合数控数据与对位靶标做对位曝光。图 9.5 所示为步进投射式曝光机构。

9.4   曝光对位操作

9.4.1 接触式曝光

曝光单元用各种结构做真空框架，利用机械力让电路板与底片紧密接触后才做曝光。底片与干膜保护膜紧贴，可避免接触不良而漏光。为了产生真空，设备会从一个或多个通道排气。通道应保持畅通，避免空气排不尽。这些通道的形成，有时候必须结合适当的导气材料来完成。

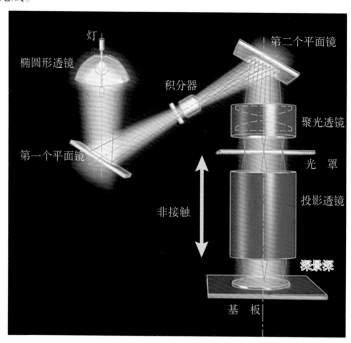

图 9.5   投射式曝光机构（来源：Ushio）

真空框架有聚酯膜搭配玻璃框、全玻璃框等不同设计，结合导气板、条帮助排气，同时也防止玻璃框因应力过大而破裂。这种做法对框与板尺寸或厚板作业格外重要。结合聚酯膜的框架设计，建议使用膜面具有纹理的材料，以便顺利排气。不过，这类有纹理的聚酯膜会让光源产生散射，不建议用在高分辨率产品上。正确使用导气条，可帮助接触式曝光机真空排气，是曝光作业的重要部分。没有这种通道，可能会在电路板周边留下无法排出的封闭气体，这对曝光作业有负面影响。

9.4.2　图形与孔的对位

曝光作业时，应确保线路图形与金属化的盲孔、通孔、线路焊盘有良好的对位。

▌ 重氮（Diazo）底片

根据重氮物质遮蔽 UV 的特性制作的底片，可见光可顺利穿透，作业人员可通过目视进行靶标对位。用临时胶带固定底片，翻转后做另外一面的对位。这种棕黄色曝光用半透明底片，是以重氮盐涂覆在聚酯膜上制成的。经过图形复制后，把底片暴露在氨蒸气中，未受到 UV 照射的区域会与盐类产生耦合作用而停留在底片上，而受到 UV 照射的区域会分解，这样就留下了棕黄色的图形。

▌ 自动曝光机

自动曝光机使用 CCD 固态相机做图形与孔对位，光源可从背面或正面投射，通过分析相机感应的图像就可做对位调整。对位调整完成后，底片与板紧贴，再次做对位确认后就可曝光。

▌ 开合式玻璃框

开合式玻璃框利用销钉固定电路板。底片要事先冲孔并用销钉配置在底片的上下面。之后进行真空作业，以硅胶支撑玻璃的密封机构，通过导气条支撑与玻璃框形成排气通道，帮助底片与板面紧密接触，再做曝光。底片安装时会先做上下底片间的相互对位，以确保后续底片与电路板对位维持在应有水平。此时，底片靠玻璃框上设计的沟槽吸附，完成安装后要用胶带固定。

▌ 蚀刻后冲孔

内层板线路与孔的对位，采用蚀刻后冲孔的方式进行。前后面线路，做单面对位就等于整板对位。经过贴膜、曝光、显影、蚀刻的基板，会进入蚀刻后冲孔步骤。CCD 相机会抓取靶位图形，并调整基板位置再做冲孔。这种方法的优势是，冲孔产生的碎屑在对脏点敏感的图形转移之后。

▌ DI 的图形比例调整

DI 功能非常有用的特性之一是，可以做图形比例调整，让图形与电路板面钻孔位置达成最佳对位。电路板在制作中有位置扭曲、偏离，DI 设备可通过图像识别与计算，在产生图形前做适度的尺寸调整。某些 DI 设备还可做局部图形调整，这对全板有许多单片产品的电路板相当有帮助。可独立针对 x 与 y 方向调整，即可改变纵横比。图 9.6 所示为 DI 设备可采用的随机补偿模式。可以看到，对位作业中设备利用数据计算转换，能做出各种形式的对位调整，以减小偏移。

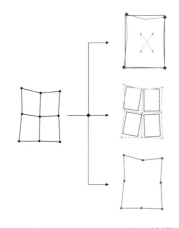

图 9.6　DI 曝光对位的几种调整模式

▌ 步进式图形处理

步进式图形处理，可在部分板曝光前适度等比例调整图形尺寸，在有限范围内让图形与基板的对位优化。这些曝光作业，仍使用 CCD 相机侦测靶标或孔。据笔者所知，目前这类设备可以达到的对位能力，在小范围作业时可以达到 ±100nm 的对位精度。典型的步进式曝光方式如图 9.7 所示。

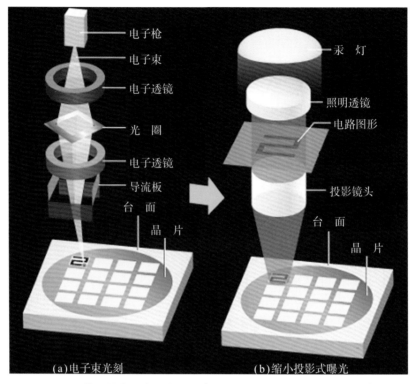

图 9.7　典型的步进式曝光方式（来源：http://www.nikon.com）

▌ 使用 X 射线钻靶

在做通孔钻孔前，可以用 X 射线钻靶设备来辨认内层的靶标，并钻出适当的孔用于后续制程。这些钻靶机制作出来的孔，被业者称为"工具孔"。为了避免钻孔面错误，都会钻三个孔用于定位。

9.5　显　影

9.5.1　显影参数

控制干膜的显影液，对获得高的良率、分辨率及良好的均匀性相当重要。设备的众多关键机构与制程变量之间互相关联，可能会误导作业人员与工程师。显影液浓度、水质、温度、喷淋压力、显影点、显影停留时间、干膜负荷量、pH、显影后的水洗和烘干参数等，都是显影参数。

虽然这些参数可能都重要，但其中部分较容易控制在正常范围内（如温度、时间）。不同批次或有无补充溢流系统、维持化学品浓度在期待的范围内同样重要。这些想法与观点相当有趣，且存在诸多争论。

9.5.2 显影液的化学成分控制

显影液的化学成分控制相当关键，因为在过高的浓度下会过度显影。化学品会分解曝过光的干膜（负像型配方），显影过稀或过浓都可能让干膜显影不足（未曝光区清洁不全）。完整显影是要将未曝光的图形从底部清除，这个状态发生在接近显影机后段终点处。大部分未曝光区已在前段清除，完全清洁出现在显影点到达时。达到显影点后还停留过长时间，会导致曝光区也受到攻击。

典型的显影液是质量分数 0.8% ~ 1.0% 的碳酸钠（或钾）溶液，新鲜碳酸盐溶解到水中后会与碳酸氢盐平衡。碳酸盐在显影过程中与干膜配方中的羧基酸根中和消耗后，反应产物、碳酸氢根与干膜形成的盐类（干膜负荷）就逐渐增多。此时 pH 降低，显影速度也下降，显影会变得不太干净（有板面残胶的风险）。干膜供应商会提供相关干膜负荷对 pH、显影时间对温度、显影时间对干膜负荷等的函数关系曲线，也会提供建议的显影点、负荷量、碳酸盐浓度、温度等。

一般显影用碳酸盐溶液的浓度，可用酸碱滴定来分析，或根据电导率来测量。利用高浓度溶液（一般为质量分数 10% 左右的碳酸钠）来补充工作液浓度或溢流量，这同样可以分析管控。量产工厂，不太可能采用批次化学品补充管理；样品生产、小量生产、研发，才有机会使用这种操作模式。显影线的水平传输速度，开始时可将显影点调整到建议范围的下限，紧接着在操作中持续监管显影点的变化。一旦显影点接近建议范围的上限，就排掉显影液，重新配制。

在补充溢流系统中，业者必须控制高浓度碳酸盐溶液与水的添加，以维护显影液的浓度。一般倾向于从显影线储液槽补充高浓度溶液，可先将浓溶液与水在补充槽中混合并监控浓度。另一种可行的方法是间歇打入高浓度溶液与水，依据溢流量成比例补充到显影槽中。生产时可以使用部分显影后的水洗水来补充显影液，这样可适度节约用水。

有关化学品浓度，是实际生产中是否要补充或停止的依据。选择之一是维护显影槽的 pH（如 10.5），这个 pH 可设定在有 pH 控制器的补充溢流系统中。系统可设定成 pH 到达 10.5 时开始补充，而到达 10.7 就停止补充。显影线的水平传输速度，以维持建议的显影点位置调整，同时补充操作浓度（如 1%）的碳酸盐溶液。干膜供应商应该会提供干膜负荷的建议范围，同时提供干膜的 pH 特性曲线。在类似状况下，若作业溶液确实能补充且能维持上述 pH 水平，则说明负荷量可维持稳定。

也有业者建议监控显影槽中的活性碳酸盐浓度，用定时酸碱滴定控制。通过分析显影液中碳酸氢根与碳酸根浓度来检验溶液中的活性碳酸盐、总碳酸盐量，之后计算实际的碳酸盐消耗量。工作溶液的负荷量会受消泡剂、干膜的干扰，因此维持分析人员滴定的稳定性也相当重要。

目前，在高分辨率干膜的应用方面，供应商建议采用半溶剂型显影液。这类显影液中，部分具有轻微毒性，虽然高分辨率确实吸引业者的眼光，但如非必须，多数业者还是会犹豫是否该采用。

9.5.3 显影液的喷流

各种水平设备都会做喷流优化，每种设计都有其优缺点。有固定喷嘴、喷盒阵列、前后摇摆、水平摇摆喷盘等不同设计，最终都希望产生均匀有效的喷流。维持均匀喷流的目的是在整个板面产生较高的冲击力，辅助显影化学反应。良好的溶液动态补充与交换，配合机械冲击力，发挥综合效果才会良好显影。理想的显影设备可以产生高的显影液表面速度，减小静态液体层的厚度。喷流压力、喷嘴类型都会直接影响喷流冲击力，不同喷嘴的喷流形状如图 9.8 所示。

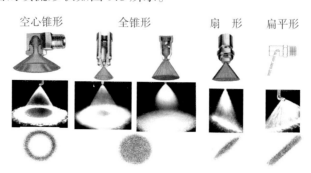

图 9.8   不同喷嘴的喷流形状

扇形喷嘴的喷洒区相当狭窄，需要阵列配置才能覆盖整个区域。锥形喷嘴有较大且均匀的喷流覆盖区，可用较少的喷嘴覆盖较大区域。建议避免喷流区直接重叠，否则会发生冲击力相互削弱的问题。

为避免薄板重叠，要适度搭配引导挂架。挂架的配置要避免发生遮蔽不均，以免影响喷流的均匀性。水平设备的滚轮要合理配置，实心滚轮换成片状滚轮可降低遮蔽率。显影过程产生的干膜碎屑也会影响喷流，干扰清洁与显影的完整性，因此喷流也可以采用不同角度冲击：将喷嘴调成不同的角度，或以摇摆实现动态喷流。留意显影化学品的控制并采取恰当设计，是确保盲孔和通孔显影清洁度的关键。

9.6　阻焊开窗

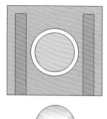

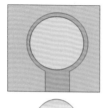
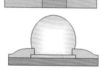

电路板完成表面处理后，会进入组装焊接阶段。传统的阻焊制作方法是，采用阻焊覆盖基材表面，业者称其为"焊盘限定"。自从阵列式封装普及后，板面焊盘就以阻焊覆盖在焊盘上的模式制作，业者称其为阻焊限定，称限定区域为阻焊开窗（Solder Resist Open，SRO）。图 9.9 所示为两种阻焊制作方法的比较。

(a)阻焊限定　　　(b)焊盘限定

图 9.9   两种阻焊制作方法的比较

目前，电路板与载板的阻焊和焊盘对位要求见表 9.2。

表 9.2　阻焊对位要求

	普通电路板	高端载板
线宽 / 间距 /μm	> 40/40	< 15/15
焊盘 / 球（凸块）/μm	250	120
阻焊开窗 /μm	280	60
对位精度 /μm	± 20	± 10

电路板的对位能力，与工具、电路板尺寸变异有直接关系。阻焊制作已是后段制程。电路板经过多次热制程与机械加工后，整体尺寸稳定性较差。但电路板制造讲究生产效率与材料利用率，大家都希望生产板的尺寸足够大，而大尺寸就意味着累积公差大。

万幸的是，多数用于移动电子产品的 HDI 板的面积都较小，因此在生产尺寸下可做分区处理，以减少公差造成的对位问题。依据表 9.2，业者可自行评估尺寸控制水平，确定要将整块生产板分割成多少块曝光才能符合要求。分区与全板曝光对位的关系如图 9.10 所示。

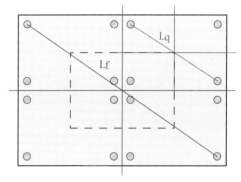

图 9.10　分区与全板曝光对位的关系

传统的接触式曝光机，也可做分区曝光，但无法随机调整图形比例来适应电路板尺寸变异，因此业者也期待有 DI 类设备可用于阻焊曝光。不过，不同于线路干膜曝光，阻焊所需的曝光能量要高得多，因此这类 DI 设备必须有较高能量密度，否则生产速度会慢得无法忍受。此外光源也是问题：阻焊聚合需要多波长光源，目前不少厂商采用的光源为单一波长，这不利于阻焊的曝光聚合。到目前为止，只有少数 DI 设备的聚合水平接近传统曝光机，多数都会有底部侧蚀问题，如图 9.11 所示。这些问题，需要材料、设备厂商共同解决。

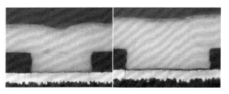

（a）在树脂上　　　　　　　　　　（b）在金属上

图 9.11　不同的阻焊开窗在 DI 曝光下的侧蚀结果

9.7　蚀刻作业

蚀刻化学品与机械设计，对 HDI 板生产有重要影响。厂商要确保干膜与铜面有良好结合力，才不会让蚀刻产生过大的侧蚀或在蚀刻反应中产生干膜剥离。蚀刻的作业参数，有些会有交互作用，也有部分是独立因素，后续内容将讨论这些问题。适度优化部分因素有利于改善制程。

蚀刻过程中出现的侧蚀是首先要探讨的问题，读者必须认识到电路板蚀刻属各向同性反应。在看到铜线路蚀刻朝 Z 轴前进的同时，也会看到药液朝侧向攻击。即便是调整设备、制程，侧蚀现象也无法完全避免。厂商的做法是利用蚀刻液雾化，以高而垂直的冲击力让蚀刻液穿过干膜。蚀刻液中含有遮蔽剂，会在铜面产生遮蔽物，垂直冲击会将底部的铜遮蔽剂清除，但留下受力较小的侧面铜遮蔽剂。这种技术可提高向下蚀刻（会有较好蚀刻因子）的速度。这种蚀刻设备配合快速旋转喷管套件与周边的抽吸机构，可将水池效应产生的蚀刻不均现象减到最小。

研究报告显示，将酸性蚀刻液控制在非常低的自由酸度状态，可改善蚀刻因子。早期生产线的经验显示，在酸性蚀刻液中，采用 NaCl 替代 HCl 作为氯离子来源可改善蚀刻因子：它会产生复合铜盐且不会让它们沉淀。

不同的蚀刻化学品的蚀刻因子会略微不同，碱性蚀刻液的蚀刻因子一般会比酸性蚀刻液略低。部分研究显示，采用氯化铁得到的蚀刻因子比用氯化铜的更高，但并非所有案例都呈现相同的结果。

9.7.1　同一面蚀刻不均与上下面蚀刻不均

水池效应是蚀刻不均、蚀刻因子偏低的原因之一。多数板的上下面蚀刻差异来自水池效应，它会导致蚀刻速率降低。尤其是板面中心，会因为水膜的成长而成为反应最慢的地方。这种现象在板面下方不会出现，因为液体会受重力作用而快速排掉。使用抽吸设计，交替地在喷流区间抽离蚀刻液，是一种排除水池效应的方法。这样可让上下面差异变小，提升蚀刻均匀性，如图 9.12 所示。

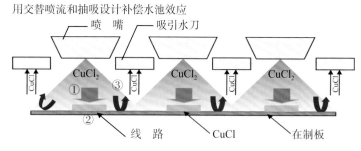

图 9.12　喷流与真空抽吸蚀刻系统（来源：Pill）

另一种减轻水池效应的方法是，通过配置喷流压力，让蚀刻液流线进入喷盒中心。喷流压力在中心处维持最高水平，而逐步朝向喷流末端递减。类似做法还有中心与边缘喷嘴配置调整，让电路板中心受喷量大于边缘，以平衡全板蚀刻速率。

9.7.2　蚀刻喷流的障碍

水平传动轮会妨碍喷流，因此非传动输送的系统逐渐普及起来了。它们并非完全排除水平传送，而是把多数夹持、输送机构转移到边缘，或者以夹具夹持电路板边缘并以轻微张力支撑。若还是采用水平传送，厂商也会采用镂空设计来降低传送轮的遮蔽性。轮体的配置采用随机遮蔽原则，对电路板的作用更均匀。若制作薄板，则要有额外的支撑或者夹具，摇摆与随机遮蔽也是要考虑的问题。

9.8　碱性蚀刻

碱式氯化铜蚀刻液是一种较常用的化学品，有几种不同的配方适合高产出与细线路生产。这类蚀刻液是业者选用锡或锡铅抗蚀层时较喜欢的，因为它们不会在快速蚀刻铜时受到攻击。所有液态、干膜光致抗蚀剂都会受到这种药液的攻击，但在正确参数控制下，某些干膜还是可以顺利抵抗住攻击。

经过设计的某些干膜，较能承受碱性蚀刻液的浸泡。这类材料多数被用于外层线路蚀刻，不过也有少数用在内层板、双面板、单面板的线路蚀刻。

碱式氯化铜反应的基本化学反应是，用铜离子将铜金属氧化成亚铜离子。反应式与酸性氯化铜相同，其中铜离子作为攻击铜金属的氧化剂。不过，它的状态不同，因为它发生在碱性环境下，这时不论是亚铜离子还是铜离子，都会与氨水形成络合物。典型的碱性蚀刻反应如图 9.13 所示。

氧化/再生

$$Cu + Cu^{2+} \longrightarrow 2Cu^+$$

$$2Cu^+ + 2NH_4^+ + \frac{1}{2}O_2 \longrightarrow 2Cu^{2+} + H_2O + 2NH_3$$

形成四胺/二胺络合物

$$Cu + Cu(NH_3)_4Cl_2 \longrightarrow 2Cu(NH_3)Cl$$

$$2Cu(NH_3)_2Cl + 2NH_3 + 2NH_4Cl + \frac{1}{2}O_2 \longrightarrow 2Cu(NH_3)_4Cl_2 + H_2O$$

图 9.13　碱性蚀刻的化学反应

碱性蚀刻更不同的地方是，亚铜离子会快速被空气氧化，因此不需要用额外的氧化剂。氧气再生反应对酸性蚀刻而言速度太慢，但用空气氧化足以满足碱性蚀刻的反应速率要求。氯化铵与蚀刻液中的氨水在络合作用中会消耗——在铜金属与亚铜离子氧化时，它们会产生络合作用而生成可溶解铜离子——因此必须及时补充。

9.8.1　蚀刻液的 pH

蚀刻液的 pH 取决于铜溶解度、蚀刻速率与侧蚀水平，对干膜的性能有重要影响。较低 pH 意味着较小的侧蚀（较高的蚀刻因子），因此较低的 pH 会用于细线生产。不过，对于给定的碱性蚀刻体系，pH 必须维持在下限（依铜离子含量而定）以上，这才能让铜盐维持在蚀刻液中。

较高的 pH 意味着较高的蚀刻速率，反之亦然。因此，高 pH 碱性蚀刻适用于高产量场合，同时也较适合高的铜溶解度。高 pH 会产生较大的侧蚀，也会影响某些干膜的性能，特别是水溶性干膜。部分水溶性干膜会软化，甚至剥离，这些都是高 pH 碱性蚀刻的常见问题。

补充液中含有氨水，提供必要的碱来维持 pH（高于 7.0）。氨水添加也是必要手段，这可让 pH 保持在建议的范围内。氨气或氨水添加都可采用自动设计，用 pH 检测装置与控制系统调节。氨水含有水分，而高温会让水分挥发，因此需要掌握平衡：添加不能导致蚀刻液中的氯离子或铜离子含量超出建议范围，应该掌握系统每天启动前的状态。虽然作业中水会挥发、流失，但应该远低于氨水添加带来的水量。氨气相当适合做 pH 控制，它不含水，可避免扰动，不过直接使用会有安全方面的问题。

9.8.2　铜离子含量

铜离子含量会影响蚀刻速率与蚀刻因子。某些细线用的碱性蚀刻液配方，在操作范围内有较高的铜离子含量，可提高蚀刻速率并增大蚀刻因子。对于特定的蚀刻系统，若铜离子含量超出建议范围，则可能会降低蚀刻速率，并产生铜泥或铜盐沉淀。一旦出现沉淀现象，就需要花相当长时间重新溶解，此时最好的方法就是重新开缸。

用高铜离子含量体系在作业范围的上限生产，是高产出厂商较喜欢的方式。不过，使用低铜离子含量体系在作业范围的下限生产，是业者制作细线路产品时较喜欢的方式。铜离子含量的控制通常是监控药水比重，使用波美控制器管控。比重也会受氯离子含量的影响。同时，应该要用滴定来准确分析铜离子含量。业者常使用硫代硫酸盐滴定。添加剂的补充会降低铜离子含量，要注意铜离子含量是否降到建议范围以下，以及其他化学品的浓度是否正常。

9.8.3　氯离子含量

添加氯是蚀刻制程的必要步骤，因为反应产物氯化亚铜、氯化铜都是消耗氯的反应物。与酸性氯化铜蚀刻不同，过多的氯不会对络合反应与产物溶解产生作用。在碱性蚀刻中，发挥络合反应的是氨水。氯离子含量应该依据各化学品供应商的建议配制，且要严格监控是否在建议范围内。氯离子含量降低且铜离子含量提高，就会出现铜盐污泥。氯离子含量过高，锡铅、纯锡镀层就可能被攻击。高氯离子含量是高产出的条件，低氯离子含量常用于细线路制作。氯也具有缓冲功能，理论上的缓冲剂是氯化铵，碳酸铵也可加强缓冲效果。

氯可以通过补充液添加。氯离子含量可用硝酸银滴定分析，药液商会提供标准程序。补充液的氯离子含量一般不会与蚀刻液完全相同，因为碱性蚀刻是一种动态化学过程。在补充槽与蚀刻槽内，水与氨都会挥发、损失。蚀刻液的使用量、氨水的 pH、抽风系统状态等，都会影响蚀刻液的氯离子含量平衡，因此氯离子含量有可能逐渐偏离建议范围。生产时必须定期分析氯离子含量，太低时可添加氯化铵，过高时通过添加氨水调整 pH，可以靠增加抽风将状态调回来，但这会导致氨气挥发加速且添加频繁，同时氨水带入的水量也会稀释药水。有时候，若 pH 够高，可直接加水稀释氯水，但通常不宜采用，除非供应商建议。

9.8.4　温度的影响与控制

蚀刻温度会影响蚀刻速率：温度每增加6℃，蚀刻速率约提高15%。操作温度的上限，受蚀刻设备反应槽的特性影响，多数不会超过55℃。设备都会组合加热、冷却，减少温度变化的影响。因氨水有挥发性，操作温度会影响氨水用量与pH控制。较低的温度与抽风，可减少氨水消耗。

9.8.5　护岸剂

碱性蚀刻液有时会含专有护岸剂与稳定剂，用于提高蚀刻因子。这些添加剂会加在配槽药液与补充液中。护岸剂会在铜侧壁产生保护膜，减轻侧蚀。不过公开报告护岸剂有明显效果的文献与证据非常少。

9.8.6　供氧 / 抽风

空气中的氧是氧化亚铜离子的氧化剂。设备必须提供足够气流，同时通过向蚀刻槽内喷入空气以加强反应，还应该避免氨气溢出到车间内。若没有足量空气供应，则亚铜离子无法完全氧化成铜离子，会减缓蚀刻，降低产能。若抽风量过大，则氨气损失加快，会降低蚀刻速率与铜溶解度，可能导致沉淀。碱性蚀刻设备设计成空气搅拌模式，以确保有足够新鲜氧供应。氧也可以在控制下导入蚀刻液再生循环，直接连接到蚀刻槽。正确平衡抽风与排气量相当关键，若操作不当，氨水可能严重攻击抗蚀剂。

9.8.7　水平传送速度

水平传送速度的设定，是为了获得足够的反应时间与期待的蚀刻结果，速度适当才能保证线宽、侧蚀、阻抗等在管控范围内。蚀刻完成点的测试可用来调整水平设备的传送速度。蚀刻完成点就是蚀刻槽中板面铜刚好完全蚀刻的点，以蚀刻槽总长度的百分比来表示。典型的蚀刻完成点为80% ~ 85%。不过，若要以过蚀生产电路板，也可将完成点设定在75%。在蚀刻槽中停留时间过长，对金属抗蚀剂是一种考验，因为增加浸泡时间会加重对抗蚀剂的攻击和氧化还原电池效应。

9.8.8　补　充

补充的碱性蚀刻液与酸性蚀刻液不同。氧化亚铜离子在碱性制程中会被空气氧化成铜离子，与酸性蚀刻不同，它会非常快速地氧化。化学品需要根据制程消耗量补充，补充的化学品由蚀刻液供应商提供，且多数都含有氯化铵与氨水。有时候，配方中也会含碳酸铵——可作为缓冲剂。每种化学体系的补充都有其独特性，但必须符合系统需求并维持稳定。

要控制pH，可添加氨气或氨水。不过，氨气添加有操作风险，而氨水可自动添加。但氨水会同时带入水，如何保持蚀刻液稳定需要考虑。碱性蚀刻补充主要依赖比重控制器（波美控制器）。蚀刻液比重正比于铜离子含量与氯离子含量，而水或氨水的挥发也有提高比重的效果。可利用控制器检测并自动添加，直到略微超过设定点。添加产生的过量蚀刻液，可用泵抽出去，但进出体积要维持相同。图 9.14 所示为典型的碱性蚀刻液补充系统。

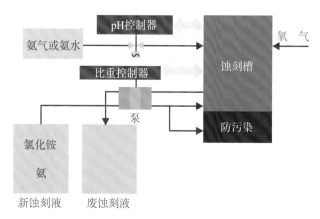

图 9.14   碱性蚀刻液补充系统

补充液含有氨水、氯化铵、碳酸铵、护岸剂等添加混合物。不论是氨水还是氯化铵，在铜蚀刻制程中都会被消耗。因此，要使用 pH 控制器自动补充，保持化学品浓度在操作范围内。正常频率的化学分析是必要的，这样才能确保长时间的制程稳定。

化学品添加之所以会受到特别关注，是因为氨水、氯化铵会与铜产生络合物。另外，氨水会攻击干膜，产生副作用。碱性蚀刻后的第一道清洗不是水洗，而是用化学品喷洗。对碱性蚀刻而言，补充液添加到清洗槽并在槽内混合，再溢流到蚀刻主槽。这个喷流清洗槽被归类为环境控制槽，它的功能之一是节约用水，并将带出的化学品带回反应槽。这些不含铜离子的补充剂让槽液的铜离子含量维持在低水平。一定条件下，若补充液只加入这个槽，那么补充液溢流到蚀刻槽间就会有时间差，可能会导致制程不稳定。

这种状态常发生在使用频率低的系统：抽风产生挥发，造成补充槽液位下降。这时，补充液必须重新加满槽体才会溢流，补充液进入蚀刻槽时间延后而导致蚀刻能力恢复也延后。对此，应部分跳过补充槽，将部分补充液直接打入蚀刻槽。不过，这会降低原来降低污染的设计效能，因为这个步骤的铜离子含量会升高，会有较多的铜离子被带入最后的水洗。这种废水是铜离子与氨水形成的络合物，会让废水处理变得较麻烦。

另一个让第一清洗槽保持低铜离子含量的原因是，若铜离子含量偏高，则液体会继续蚀刻电路板上的铜，让制程变得更复杂。第一清洗槽有时候会有非常高的 pH，因为较热的蚀刻主槽会让氨气逸出。这时，气体会被第一清洗槽的喷流所吸收，这会增加化学品攻击水溶性干膜的机会。这方面的平衡与防止可以靠调整蚀刻槽抽风来达成。

9.9   氯化铜蚀刻

氯化铜蚀刻是成本低且稳定的技术，用于盖孔蚀刻制程。铜原子先被铜离子氧化成亚铜离子：

$$Cu + Cu^{2+} \longrightarrow 2Cu^+$$

铜离子不溶于水，但可在络合离子的帮助下产生溶解性。这些离子在静电的吸引下围绕在铜原子周边。氯离子就是铜离子的络合离子，若配制溶液含有铜离子与氯离子，并溶解氯化铜，就说明这种溶液有蚀刻铜金属的能力：铜离子可溶解到这种溶液中，反应就可以进行了。实际状况是，铜离子需要相对高浓度的氯离子，才能溶解在水中。完整的蚀刻反应式如下：

$$CuCl_{2(aq)} + Cu_{(s)} \longrightarrow 2CuCl_{(aq)}$$

9.9.1　再生作用

氯化铜蚀刻液可通过添加氧化剂，将亚铜离子氧化为铜离子。普遍用于电路板的氧化剂是过氧化氢、次氯酸钠、氧气等。酸性蚀刻利用氧气再生的问题是速度慢，因为溶解在水中的氧气相当有限。但再生的氧气是免费获取的，且不可能有添加过量的问题。使用氧气再生的反应式：

$$2H^+ + Cu^+ + O_{(aq)} \longrightarrow Cu^{2+} + H_2O$$

可以看到，有氢离子的消耗。因此，有什么方法比添加盐酸更方便？当溶液中有过量盐酸时，整体氯离子含量即保持平衡。这样，整个再生反应式可写成：

$$2HCl_{(aq)} + 2CuCl_{(aq)} + O_{(aq)} \longrightarrow 2CuCl_{2(aq)} + H_2O_{(aq)}$$

实际生产条件下，亚铜离子、铜离子的浓度与自由酸都会影响蚀刻速度。尤其是亚铜离子，对蚀刻速率影响最大。亚铜离子的溶解度与铜离子相比低得多，因为它直接在铜面产生，发生反应的位置会出现遮蔽蚀刻的作用。因此，亚铜离子必须尽快从铜面清除，才能产生最大蚀刻速率。有效方法是最大化亚铜离子溶解度，这样它就可以快速扩散到溶液中。要让亚铜离子在铜面加速扩散，就应该将溶液大环境内亚铜离子的相对浓度降至较低的水平。

9.9.2　操作参数

用于氧气再生的氯化铜蚀刻液，比一般性蚀刻液更需要关注操作参数，如氯化铁或过硫酸铵。若蚀刻槽的操作参数偏离过大，蚀刻速度会严重衰减或偏离。蚀刻过慢时，使用氯化铜的好处可能就不见了。要发挥氯化铜的效率与成本效益，必须使用再生系统。建议的蚀刻槽参数见表 9.3。

表 9.3　建议的蚀刻槽参数

参　数	最小值	最大值	说　明
自由酸浓度 /（mol/L）	1.0	3.0	盐酸浓度高，挥发增大，蚀刻速率增大
比　重	1.22	1.38	范围内的蚀刻速率相对稳定
温度 /℃	0	40	温度高，盐酸挥发加速，蚀刻速率增大

参　　数	最小值	最大值	说　　明
板面积负荷 /（L/cm²）	0.016	–	设残铜率为 50%，双面板，1oz 铜箔
最大亚铜离子含量 /（g/L）	–	5	溶液应该偏淡绿或橄榄绿，出现棕色就表示亚铜离子含量可能偏高

9.10　以减铜提升细线路制作能力

目前主流封装载板产品的线宽 / 线距仍然维持在 15μm 以上水平，而一般的 HDI 电路板则多数维持在 30μm 以上水平。有些细线路制作能力的研究，使用表面均匀蚀刻制程与较薄的干膜，验证这种技术可延伸的程度。当使用减铜工艺将面铜厚度减小 3 ~ 5μm 时，就可用全板电镀与全蚀刻法来制作细线路。

传统图形电镀制程，底铜约 20μm 厚，在图形表面电镀一层锡作为抗蚀剂。这种厚底铜在蚀刻后的线路制作能力较低，而图形电镀后增加的电镀锡层也会影响碱性蚀刻的蚀刻因子。另外，过度电镀还会影响退膜。因此，要制作更细线路的电路板，必须改善传统图形电镀制程。

理论上控制良好的表面减铜工艺，可以提升细线路制作能力。这时可选用 12 ~ 18μm 厚的低轮廓铜箔，利用减铜法将底铜厚度降低到 9μm 以下。这虽然会增加额外流程，但不必采购超薄铜箔，还是可降低成本。此外，也因为使用的铜箔与常用物料相当，并不需要改变压合的作业习惯。

9.11　内埋线路的制作

有两种基本方法可制作内埋线路，第一种方法有几个变量，包括在介质上产生沟槽与孔，定义出线路与孔的尺寸。沟槽与孔可以靠压印或激光切割产生。第二种方法则是通过图形电镀将线路图形制作在导体层上，之后再反压到介质内。到目前为止，没有办法确认究竟哪种方法最终会成为主流，或者所有这些方法最后能不能发挥作用。不过，相关技术目前已经有厂商尝试使用，且投入了研发资源做应用研发。图 9.15 所示为内埋线路的切片。

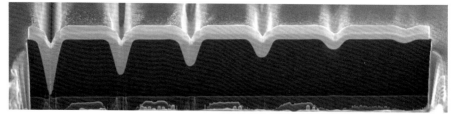

图 9.15　激光切割产生沟槽后电镀填充的内埋线路

第 10 章

层间导通与电镀铜

HDI 技术的重大挑战之一是，建立均匀的微孔和盲孔电镀铜能力。当盲孔厚径比接近 1.0 或更高时，让孔壁沉积到基本厚度都很困难，更不用说成功金属化。其中，关键挑战是如何维持良好的深镀能力，同时不会出现表面电镀过厚。

HDI 板为了要维持基本强度，多数都设计有芯板——提供支撑强度，采用略厚的材料制作。但出于高密度需要，钻孔直径极小，高厚径比小孔对电镀是严苛的考验。

厚径比大于 4 的通孔，就很难电镀。多数高密度互连电子产品使用的电路板都较薄，只要孔径不过小，就不是问题。若电路板较厚，如超过 1.4mm，通孔直径又设计成 250μm 以下，则恰好达到瓶颈，就要小心。在大量应用的 HDI 板上，这种厚度的电路板很少见，但对于 ASIC 用大型封装载板，问题就较严重了。

10.1　电镀铜

为了让高厚径比孔能承受多次热循环，孔内电镀铜必须均匀且有良好性能。此外，电镀铜的质量也与金属化质量密切相关。不过，电镀制程必须进行优化，减少可能发生的狗骨现象出现在通孔、盲孔孔口与孔内的不均匀铜厚度分布，如图 10.1 所示。

孔内铜沉积达到基本厚度以上才能确保质量稳定。延长电镀时间可增加电镀铜的平均厚度，但电镀厚度不均匀恐怕反而会让问题加剧。这些问题在业者使用填孔技术时尚能解决，但填孔电镀的成本相对较高。

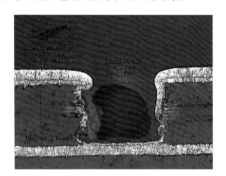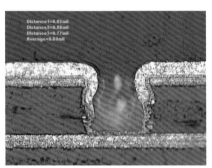

图 10.1　狗骨现象：表面铜厚较大，且进入孔内后逐步减少

10.1.1　电镀原理

硫酸铜是业内常用的电镀液配方。为了改善晶粒结构，业者会添加晶粒细致剂、润湿剂、光亮剂等，同时搭配基本的电镀混合物：水、硫酸铜、硫酸等。电镀时铜离子分散在溶液中，生产中要维持铜离子含量，必须及时补充铜溶质。采用的阳极不同，电镀的电化学反应也不同，典型的化学反应式如图 10.2 所示。

在可溶性阳极反应中，可观察到副反应，某些状况下铜阳极材料会被一层未知物质覆盖。这层物质微溶于硫酸，同时会限制电流产生，使阳极钝化或者极化。厂商导入脉冲电镀设备后，极化现象被用来改善电镀均匀性，让电路板在极短的时间内暂时成为阳极。

良好的电镀，必须平衡板面搅拌与孔内镀液交换，以提升整板电镀均匀性和深镀能力。良好的镀液混合也相当重要，应避免局部反应现象。电镀速率受传质的限制，导致阴极表面出现临界层，这会减缓表面沉积速度。要获得均匀的电镀层，减小临界层厚度相当重要。

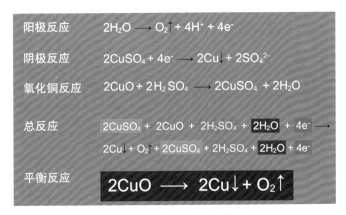

图 10.2　硫酸铜电镀的化学反应

电路板设计趋于复杂化，使得通孔和盲孔的电镀均匀性持续受到挑战。电镀均匀性受镀液化学成分的影响，也会受镀液搅拌条件的影响。选择电镀铜方法应对高厚径比孔，需要考虑电镀制程的复杂性与电镀孔的难度。已有几个建议的改善方向：

◎ 优化镀液配方与槽体设计

◎ 降低阴极电流密度，延长电镀时间

◎ 使用脉冲电镀

即便是有最佳深镀能力的电镀铜制程，高厚径比仍然是严峻考验。有些公司尝试用低于 10ASF[①] 电流密度电镀盲孔，期待能改善整体电镀均匀性与深镀能力。不过电镀时间延长是为了获得必要厚度，这些努力仍不足以解决所有问题。直接电镀的导电性不足、除胶渣 / 表面处理状况不佳，都会导致孔内电镀铜厚度偏低。

10.1.2　脉冲电镀

业者解决孔铜厚度偏小的方法之一，是将传统直流电镀转换成脉冲电镀。脉冲电镀电源会产生正向阴极电流，并间歇性出现短暂反向阳极电流，这个反向阳极电流的持续时间相当短。阴极电流的持续时间比阳极电流长得多，而反向电流的强度又会比正向电流大。

脉冲电镀会导致槽体内出现电流中断、反向，周期性地在阴阳极间产生极性变换。正向（阴极）电流受到干扰并反转（如换成阳极），阳极（反向）电流会产生一定量的电解，使镀液中的添加剂被吸引到高电流密度区且吸附在板面上。吸附的添加剂就成为绝缘体。它会暂时防止正向电流在此沉积铜。这个过程决定了电镀的深镀能力、分布、粗糙度及其他特性。脉冲电流是由电源设备调整后输送到电镀槽的。对业者而言，这种电源设备

---

① 电镀业常用的电流密度单位，表示"安培每平方英尺"。

是不小的投资，制造商必须权衡设备投资与利益。脉冲电镀能改善电镀分布与深镀能力，与直流电镀相比，可缩短实际电镀时间。

10.1.3　盲孔电镀

盲孔电镀的难度较高。盲孔结构属于单边开口，不论是除胶渣、化学沉铜，还是直接电镀，都有镀液交换困难的问题。因此，镀液润湿、损耗补充，都成了电镀的难点。业者公认的盲孔电镀难度，原则上以厚径比 0.5 为界线，高于 0.5 就被认定为难度较大。

设定这种指标有其背景：传统电路板制作仍然以吊车式垂直电镀为主，先天设备设计限制了电镀能力。吊车式垂直电镀设备仍以吊车、挂架、摇摆带动机构为主体，因此槽内设计限制了阴极－阳极距离。而对于盲孔电镀，空气搅拌没有喷流搅拌理想。这种设备设计用于单边开口的盲孔的电镀时，需要大量新鲜药液来补充铜离子。垂直电镀设备如图 10.3 所示，这是一个难有冲击喷流设计的设备。

图 10.3　垂直电镀设备

某些手持产品用 HDI 板，为了简化制程和降低成本，会采用跳层孔设计。部分封装载板为了保持基本强度，希望基板厚度维持在 100μm 左右。这两种状况下，若将孔径设计成 90μm 以下，则电镀需要面对的厚径比会超过 1.0。图 10.4 所示为 HDI 跳层孔设计。

图 10.4　HDI 板跳层孔设计

HDI 板需要布设更多线路，必须用更小的盲孔，但受限于介质材料厚度无法同步降低，业者必须面对电镀的考验。目前部分厂商还在尝试做垂直电镀设备改善，以应对无铜表面的金属化与电镀处理。

空气搅拌也会出现问题：化学品的氧化会影响溶液成分，出现气泡以致电阻增大，无法明显提高电镀速率。空气搅拌对电阻的影响不大，它大约只能提升 25% ～ 30% 电镀能力，是明显的电力成本因素。喷流器是依据"文氏管"原理设计的：打入一个单位体积的液体时，会因为流体附件产生低压而吸入四个单位体积的液体。这种设备如图 10.5 所示，是一种高效的喷流系统。

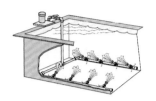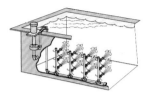

图 10.5　以喷流器强化槽内搅拌

喷流搅拌克服了空气搅拌缺点，把它完全浸泡在溶液中不会吸入空气，可排除气泡、起雾问题。此外，喷流器也可提供较均匀的镀液混合搅拌，让死角变少。它提供的搅拌效果为层流，而空气搅拌的效果为紊流。紊流只能提升混合效率。要获得高质量的电镀，采用直接搅拌且在靠近阴极扩散层处搅拌会比较有效。这有助于扩散层厚度减小，有效输送添加液与离子到阴极表面。

现在，很多厂商开始转用垂直连续电镀线（VCP）。主要变动是，针对盲孔的电镀死角做加强液体交换的结构设计，包括改善喷流、缩小距离、采用不溶性阳极、使用特殊夹具等，这些不同设计的组合可强化盲孔电镀效果，提升较深盲孔及薄内层板的电镀能力。图 10.6 所示为典型的垂直连续电镀线。

图 10.6　典型的垂直连续电镀线

10.1.4　两种电镀作业

全板电镀

全部铜厚一次电镀达成，之后利用图形转移与蚀刻制作线路。理想状况是以薄铜开始，减轻蚀刻负担，以便更精准地控制线路规格。某些厂商倾向于用另一种技术：在全板电镀后用图形转移制作出图形，之后电镀锡抗蚀层，然后做碱性蚀刻。这种做法可降低大孔盖干膜破损的风险，同时减小蚀刻线路厚度也有助于蚀刻因子提高。

图形电镀

只有电路板的线路与孔周边会被电镀。板面只有薄化学沉铜或铜箔，全板基铜厚度都相当薄。在导通处理后贴膜，经过图形转移后只暴露电镀区。电镀区的铜不会被蚀刻，成为成品的一部分而留在板面上。电镀铜层后，可选择是否电镀锡，接着做线路蚀刻，产生完整线路。一般外层电镀铜约会将全板铜厚提高到 36μm，封装载板则可能达到 20 ~ 25μm，这样才能保证最终产品符合预期厚度。不过笔者认为，未来整体铜厚会因为细线路密度增大而减小，某些厂商已可接受孔铜厚度小至 10μm。

10.2　电镀填孔

电镀填孔对于业者不是新需求，多年前终端使用者就开始要求部分或全部孔要用阻焊填满，主要目的是避免焊料单边贯穿而造成组装问题，在电气测试时也可避免真空固定的漏气问题。同时，减少孔内助焊剂残留也是结构设计的目的。不过，电路板设计复杂度的提高，特别是局部填孔被完整的电镀填孔、埋孔、全填孔结构取代，也提高了电路板制作难度。一般而言，通过电镀完全填充盲孔是可能的，而采用导电或不导电高分子油墨也可完全填充通孔和盲孔。图 10.7 所示为电镀填充的盲孔。

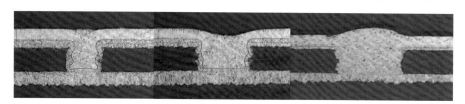

图 10.7　电镀填充的盲孔

电镀填孔的主要目的如下：
◎ 提高电路板密度
◎ 最小化信号延迟并避免可能的电子迁移影响
◎ 做出平整的板面并避免空泡残存
◎ 提升封装载板的引脚配置能力
◎ 避免介质或导电物质填充产生空泡与填充不全
◎ 避免金属与树脂间的热膨胀系数差异问题
◎ 改善细线路、堆叠孔、互连的可靠性

盲孔电镀的几种主要行为，会随药液配方与电镀操作条件的不同而不同，常见的几种电镀铜的生长模式如下。

（1）均匀长：孔内、板面铜长速率一致，电镀时间过长会使盲孔被填满，但孔中心的孔壁接合处可能会产生细缝或空洞。

（2）非均匀生长：在一般电镀中常见，因添加剂抑制效果不佳，面铜及高电流密度区的沉积速率高于其他区。面对高厚径比盲孔，增加电镀时间后，盲孔孔口会发生封口现象，孔内残留气泡对产品质量有负面影响。

（3）爆发填孔：利用特殊添加剂调控孔铜、面铜成长速度，可以一面抑制面铜沉积，一面加速孔内沉积，达到填孔效果。

以化工的眼光来看，电镀填孔技术就是利用物理、化学方法改变金属离子传送路径，从而改变金属析出速率。一般常见的填孔电镀控制因素主要有五个：电源、电流密度、阳极类型、搅拌方式、槽液及添加剂。

▌电　源

电源提供电镀电流，提供电镀铜所需的能量，一般分为直流型与脉冲型两种。直流型整流器便宜且设计简单，广为业界采用。利用直流电进行电镀填孔时，由于一次电流分布限制，须靠电镀液及添加剂调整来改变二次电流分布，达到填孔目的。

脉冲型整流器的操作模式，可依其波形特性分为脉冲式及反脉冲式两种。它们都通过调整输出波形，改变铜的沉积分布状况。填孔电镀主要利用波形变化，提高盲孔底部的沉积速率。对于孔口铜及面铜沉积，则施以反向电流来反咬、减薄，以达到填孔目的。

对填孔电镀而言，波形至为重要，添加剂的影响相对变小。实现脉冲电镀效果，对电镀设备有较严格的要求（如避免电感或趋肤效应）。因为添加剂消耗量比直流电镀大，槽液稳定性容易变差。脉冲型整流器比较昂贵，目前业界仍以直流填孔电镀为主。

▌电流密度

电流密度越高，外加驱动力越大，同样的电镀厚度所需的电镀时间越少。电镀填孔的操作电流密度过高，容易导致电镀铜结构松散，使添加剂无法发挥效果，不利于电镀填孔。

▌阳极类型

电镀铜的阳极可分为可溶性阳极、不溶性阳极两类。传统电路板厂商仍以使用磷铜球阳极为主，主要功能是稳定补充铜离子。至于不溶性阳极，多数使用氧化铱钛板或网，属于惰性阳极，在电镀时并不直接参与化学反应。基本化学反应如图10.2所示。

使用不溶性阳极时，要有一套辅助铜离子添加系统才能顺利进行电镀作业。使用不溶性阳极电镀时，会在阳极产生大量氧气，加速添加剂消耗。这时，如何选用阳极、稳定控制添加剂浓度，成为使用系统的重要课题。

▌搅拌方式

搅拌镀液可使电镀扩散层的铜离子含量梯度保持在固定范围。均匀的空气搅拌，搭配适当摇摆、振荡及添加剂作用，可使填孔机制持续稳定。部分新式电镀设备提供喷流搅拌，这种不含空气的搅拌的槽液传质要优于空气搅拌。

但过强的喷流搅拌会破坏孔内原本已达到平衡的填孔机制。因此，填孔电镀强调的是填孔均匀性，而非传质效果。搅拌方式的选择与设计决定了电镀填孔能力。

▌槽液及添加剂

铜离子是参与电镀的金属离子。铜金属的来源有相当多的选择，如硫酸铜、碳酸铜及氧化铜等。在填孔电镀中，铜离子含量控制扮演了重要角色。由于盲孔内的铜离子会快速沉积而大量消耗，因此使用高铜离子含量溶液有利于填孔。不过，最近的技术报告显示，某些铜盐会在制造过程中残留微量的化学物质，对填孔药液体系有负面影响，因此业者在选用时应该注意它与药液的兼容性。

硫酸在槽液中扮演的角色是电解质，增强导电性。增大硫酸浓度可降低槽液电阻，提高电镀效率。但填孔电镀过程中，硫酸浓度增大反而会降低铜离子扩散至盲孔孔底的能力，影响铜离子补充，造成填孔不良。多数人会在填孔电镀系统中使用低酸配方，以期获得较好的填孔效果。

氯离子的功能，主要是让铜离子与金属铜在双电层间形成稳定转换电子的传递桥梁。电镀时，氯离子在阳极帮助磷铜球溶解，在阴极则与抑制剂协同作用，让铜离子稳定沉积。在填孔电镀中，氯离子含量控制并无特殊之处。

电镀添加剂主要有三种，因分子结构及成分特性不同，在电镀沉积方面的功能不同，对沉增层性质的影响也不相同。

（1）抑制剂：多数为高分子聚醇类化合物，能和氯离子协同抑制铜沉积，减小高低电流区的差异(亦即增大极化电阻)，让电镀铜能均匀持续沉积。抑制剂同时可充当润湿剂，降低界面表面张力（减小接触角），让镀液更容易进入孔内，增强传质效果。在填孔电镀中，抑制剂同样扮演着让铜均匀沉积的角色。

（2）光亮剂：也称为晶粒细致剂，大多是含硫有机物。它在电镀中的主要作用是加速铜离子在阴极还原，同时形成新的镀铜晶核（减小表面扩散沉积能量），使铜层结构更加细致。光亮剂在填孔电镀中的另一作用是，若孔内有较多光亮剂分配率，就可帮助盲孔内的电镀铜迅速沉积。它是爆发型填孔电镀的主要添加剂。

（3）整平剂：多为含氮有机物，主要功能是吸附在高电流密度区(凸起区或转角处)，使该处电镀趋缓但不影响低电流密度区（凹陷区）电镀，以此整平电镀面。它是电镀的必要添加剂。填孔电镀使用的高铜低酸体系会使镀面粗糙。研究发现，加入整平剂可有效改善镀面不良问题。

依据一份专业研究报告提出的填孔电镀原理，添加剂的行为见表 10.1。

对于填孔电镀技术，可根据研究成果获得以下结论。

（1）高铜低酸配方有利于填孔电镀。

（2）非脉冲电镀填孔对添加剂的依赖性高，适当调配光亮剂、抑制剂能实现良好的填孔效果。在电镀液中加入整平剂有助于获得较平整镀面。

表 10.1　添加剂在填孔电镀中的行为

| 起始期 | 抑制剂：分子量大，结构冗长，扩散慢，不易进入孔内，大多分布于板面
光亮剂：分子量小，原可均匀分布于各处，但由于板面被大量抑制剂占据，孔内的光亮剂浓度会高于板面
整平剂：吸附于高电流密度区，起整平作用
此时各添加剂占据个别吸附位置，为爆发期做准备。根据盲孔大小（深），此阶段所需时间也不同 | 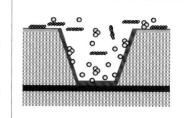 |

续表 10.1

爆发期	填孔电镀的关键阶段，孔／面相对沉积率由 1.83 暴增至 7.37，所有添加剂吸附已完成，孔内铜沉积速率远高于板面，可达到填孔目的	
恢复期	填孔接近完成，盲孔凹陷变小，抑制剂及整平剂开始抢占光亮剂的沉积位置，使电镀速率迅速降低，爆发填孔机制转趋缓和。此时，孔／面相对沉积率由 7.37 变为 3.33	
平衡期	各添加剂之浓度分布不受传质等因素影响，可达到稳定平衡状态。此期间，面铜与孔铜的成长速率趋近	

（3）不溶性阳极会使添加剂损耗变大。但是，慎选阳极，控制好添加剂，填孔效果也相当不错。

（4）通孔、盲孔同时电镀时，通孔电镀的深镀能力会受到影响。

要讨论电镀填孔的关键参数，需要理解槽液的状态，包括硫酸铜、硫酸、氯离子、有机添加剂（含光亮剂、整平剂、抑制剂）等。电镀时，要选用高深镀能力的配方来改善微孔的贯孔性。为了要填充盲孔，制造商必须使用填孔能力较高的药水。表 10.2 所示为典型厂商提供的填孔电镀药液的配方与参数。

表 10.2　填孔电镀药液的配方与参数

项　目	范　围	消耗速率
$CuSO_4 \cdot 5H_2O$	$180 \sim 220g/L$	
H_2SO_4	$2\% \sim 4\%$	
Cl^-	$(50 \sim 80) \times 10^{-6}$	
整平剂	$2 \sim 5mL/L$	$0.2 \sim 0.3mL/(A \cdot h)$
光亮剂	$2 \sim 5mL/L$	$0.15 \sim 0.3mL/(A \cdot h)$
抑制剂	$10 \sim 20mL/L$	
电流密度（直流）	$12 \sim 24ASF$	

电镀填孔药液有良好的填充能力，就不会产生折镀、过度凹陷等问题。这些高填充能力的药水，无法同时满足高厚径比通孔的电镀需要。要达到良好的盲孔填充，有三个主要考量项目。

（1）铜酸比：在高厚径比电镀中，铜离子含量一般低于 15 g/L，硫酸浓度约为 225 g/L，铜酸比大约为 1:15。而填孔药水的铜离子含量一般都接近 50g/L，铜酸比约维持在 1:1。铜酸比变动的影响如图 10.8 所示。

 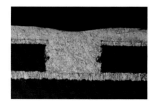 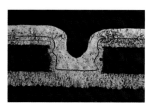

Cu²⁺ : 25g/L H⁺ : 50g/L　　　Cu²⁺ : 50g/L H⁺ : 50g/L　　　Cu²⁺ : 50g/L H⁺ : 200g/L

图 10.8　铜酸比变动的影响

（2）有机添加剂：影响从底部向上填充的电镀机制、晶粒细致度、孔壁微观平整性、板面电镀的平整性与性能等。若不期待高填孔能力，则电镀液配方应该朝高贯孔能力与深镀能力调整，实现最好的通孔、盲孔贯孔效果。

（3）搅拌系统：要有高盲孔填孔能力，必须有均匀混合的电解质，避免孔从底部填充起来时表面过度电镀。工程师要做流速实验，进行填孔优化。

10.3　电镀制程优化

有几个非化学因素会影响电镀，也值得做进一步探讨：镀槽设计、槽液过滤、阳极类型、孔形、槽液维护与分析。镀槽设计必须保持应有的对称性，让阴阳极间距维持均衡：15 ~ 20cm 的距离，一般可得到不错的深镀能力。电路板挂架必须能承载足够电流，才能在电镀中维持低电阻。电阻过高会劣化电镀厚度分布，对深镀能力与电镀分布有负面影响。

过滤是湿制程必然强调的项目，特别是电镀微小通孔、盲孔时。电镀中出现任何气泡或小片污染物，都会导致遮蔽，都可能降低电镀所能负载的电流。若电镀锡抗蚀层时出现气泡，则会导致被保护的线路被蚀刻液攻击。过滤在镍、金电镀槽中也是关键，若用炭颗粒做有机物吸附，颗粒就会与槽液混合，不能完全滤除也会出问题。一般炭颗粒吸附处理还算快速，但要从溶液中完全滤除就没那么容易。

将槽液带到过滤系统，或将新鲜液体输送到特定位置与物体接触的流量与流速，需参考槽体循环量确定。槽液有特定的循环数规定，这与槽体尺寸相关。如 200L/h，对于 100L 槽体就是每小时循环两次。槽体清洁度维护与污染物承载量设计有关，可用滤袋、滤芯等以不同孔隙度达到期待的清洁水平。对于某些特殊粒子的过滤，还可在滤材上涂覆特殊细致的过滤材料。一般业者较常用的过滤材料的细致度为 100 ~ 1μm。

一般电镀液的平均循环量都在每小时一个槽体积以上，这对维持过滤效果较有利。常看到的建议流速，至少为每小时两个槽体积。不过，要得到极端清洁的效果，可能需要每小时十个槽体积的循环量。需要留意的是，起始流速不等于平均流速。换言之，若清洁与更换滤芯后的起始流速为 1000L/h，在流速降到 200L/h 时再次更换滤材，则平均流速已接近 600L/h。这与滤材类型有关。

填孔电镀对设备设计的敏感度高，因此在设计过程中要小心。使用可溶性阳极时，阳极溶解可能会导致添加剂的分解副反应。使用不溶性阳极会有电解水反应，产生大量氧气，这会大量消耗有机添加剂，同时也会干扰阴极电镀行为。

最近有数据显示，填孔电镀质量在使用不溶性阳极的情况下表现较好。使用不溶性阳极时，铜离子含量必须靠补充氧化铜调整。将氧化铜添加到混合槽并溶解，溶解的铜再根据需要送入电镀槽。电镀前的盲孔形状是完成填孔电镀的关键因素。一般认为 V 形孔是较理想的孔形，当孔形逐渐变成杯状时，就可能需要对填充状态做适度补偿与调整。

如前所述，填孔需要特别配方，这种配方并不适合一般高厚径比通孔电镀。不过，通过调整槽液搅拌与有机添加剂，它仍能保有一定的深镀能力。设计有盲孔、通孔的电路板时，若不需要填孔，如前所述，利用标准的高贯孔能力电镀做金属化处理即可。

槽液维护与分析控制，是电镀制程稳定的必要条件。电镀槽液的严谨控制是电镀技术不可或缺的必要手段，霍尔槽分析虽然只是定性方法，但它可帮助工程师控制硫酸铜与锡电镀制程。典型的霍尔槽测试片如图 10.9 所示。

业者常用的电化学分析法还包括循环伏安剥离（Cyclic Voltammetric Stripping，CVS）、循环脉冲伏安剥离（Cyclic Pulse Voltammetric Stripping，CPVS）等，都可利用添加剂的电化学行为监控其动态表现。

图 10.9　铜 – 金霍尔槽测试片（来源：*HDI Handbook*）

10.4　盲埋孔堆叠埋孔的塞孔处理

如前所述，虽然业者已具备了填孔电镀能力，但并非所有 HDI 板都可用这种设计生产。因此，面对厚芯板的通孔制程，业者仍然必须保有埋孔塞孔的能力。对于需要高可靠性的 HDI 板产品，还是要采用超过 0.4mm 厚的基材做设计。对于这类高密度设计，必须面对通孔堆叠盲孔的结构，也就是 HDI 板的镀覆孔上孔结构。一般 HDI 板，多数采用盲、埋孔分离设计。这种设计有两个好处：一是如果增层介质材料的胶量足够，就可直接填满埋孔，不必考虑埋孔填胶问题；二是不必在埋孔的上方做盖覆铜电镀，可节省成本。制作流程越简单，成本越低，良率越高，这是不争的事实。

前述的跳层孔与盲孔结构，足以应付多数 HDI 板的制作需求。但对于需要更高密度的结构，这种模式就无法满足设计需求了。HDI 板设计倾向于采用薄粘结片。这种薄介质材料没有足够的胶量用于埋孔直接填充，因此必须先将埋入的通孔做塞孔填胶处理。塞孔填胶必须平整、扎实，否则会因为填充空洞过多或不平整，造成后续质量问题。目前，这类制程在封装基板中的使用率较高，在一般 HDI 板中只有较厚的埋孔电路板才有需要。图 10.10 所示为塞孔填胶后的电路板埋孔切片。

塞孔填胶的导通孔必须经过磨刷、除胶渣、化学沉铜、电镀及线路制作，才能形成有盖覆孔的结构。面对高密度需求时，就可在其上方堆叠盲孔。典型的镀覆孔上孔结构如图 10.11 所示。

图 10.10　塞孔填胶后的切片

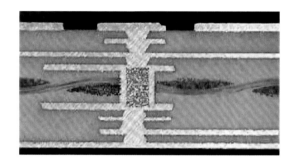

图 10.11　镀覆孔上孔结构

由于塞孔填胶多少都会有残存气泡，因此气泡的残存量会直接影响连接的质量。气泡的允许残存量并没有明确的标准，只要可靠性不成问题，多数不会成为致命伤。但若气泡恰好在孔口区，出现问题的机会就相对增大。图 10.12 所示就是典型的塞孔填胶质量缺陷。

孔口留下气泡，磨刷后产生气泡凹陷，电镀后就留下深陷的洞。激光加工时，气泡没有清理干净，就会产生导通不良的问题。所以，填胶对于高密度封装载板，尤其是使用镀覆孔上孔结构的产品，是重要技术问题。

可将塞孔填胶议题简化为两个主要方向：一是本身存在气泡未被排除，这是气体残留在内部产生的问题；二是内部气泡已经排出，但是后续又因挥发而产生。前者的对策是，在塞孔填胶烘烤前采取各种脱泡处理，尽量排除内部气泡，避免残留。准备油墨时在搅拌后先脱泡，采用较不容易产生气泡的方法填充都是可行的办法。特定厂商设计的挤压填充设备或真空塞孔设备，对于防止气泡问题都很有效。图 10.13 所示为挤压式塞孔设备。

图 10.12　典型塞孔填胶质量缺陷

图 10.13　挤压式塞孔设备

如何防止脱泡后再产生气泡？这涉及使用的填充材料。为了操作特性及最终性能，业者会在油墨中加入不同剂量的填充剂、稀释剂来调整油墨特性。但是，这种做法在塞孔时就会面临考验。多数稀释剂有挥发性，填孔后挥发物开始气化，会在内部产生较多气泡。但问题在于，油墨都是表面先干，之后才会逐步向内部硬化，因此气泡会残留在内部无法排除，成为空洞。图 10.14 为普通阻焊油墨塞孔产生的气泡。

图 10.14   普通阻焊油墨塞孔产生的气泡

对于这类问题，有两种不同的解决方法。一是使用 UV 硬化法，用感光油墨塞孔并在塞孔后直接对表面进行低温感光硬化，之后再热烘硬化。因为挥发物无法在固化树脂中形成气泡，所以不易产生表面气泡问题。二是尽量采用无挥发物油墨，同时将烘烤起始温度降低，先排除挥发物，当硬度达到某种程度时再开始做全硬化烘烤。这两种方法各有优劣，但以降低残存气泡而言，两者使用低挥发物油墨都较有利。

当油墨硬化后，开始做全面磨刷。由于塞孔油墨较难填充到恰当量，因此多数都会填充至突出状态，再做磨刷整平。为了降低全面硬化后的磨刷难度，也有厂商采用两段烘烤，在油墨硬化一半尚未过硬时先行磨刷，之后再做第二段烘烤来提高聚合度。

10.5   盲孔堆叠结构

图 10.15   良好堆叠的盲孔结构

孔堆叠到极致就成了全堆叠设计，它的目的就是提高连接密度。要做孔堆叠结构，先决条件是底层孔表面平整，否则会有加工与可靠性风险。图 10.15 所示为良好堆叠的盲孔结构。

但是，当孔填充不足，在上方进行激光钻孔时，可能会因为铜面不平整而导致激光反射路径偏折，损伤孔壁，导致盲孔质量问题。图 10.16 所示为底层孔填充不良导致的孔堆叠问题。由图中可以看到，底层孔不平整会导致激光钻孔产生乱反射，影响孔形与电镀质量。

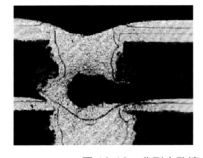 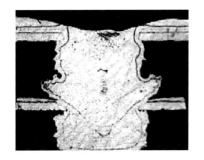

图 10.16   典型盲孔填充不良导致的孔堆叠问题

若采用导电膏填充压合或利用凸块压合的技术，则没有这类填平与否的问题，压合后孔面或连接面是一片平坦。但问题在于，如果填充导电膏，如何确保填充效果？特别是需要特殊盲孔填充的做法，如 ALIVH 技术，印刷过程就利用抽真空来增强填充效果。

10.6　孔盘结合的趋势

传统表面贴装没有将焊接点直接与孔结构合一，主要原因是结合后焊锡会直接流入通孔内，这样无法控制焊料量而产生连接问题。这种焊料流入孔内的问题，被称为"吞锡"现象。实际上经过油墨塞孔、磨刷、盖覆电镀处理，就可在通孔上直接焊接元件。

随着高密度时代的来临，所有载板空间都需锱铢必较。若能二者合一，就可争取更多的元件配置空间。但是，如何让焊锡稳定安置在焊盘上，又不产生吞锡或其他可靠性问题，就成了 HDI 技术的关键。焊盘上的微孔设计让 HDI 板有机会直接焊接，因为它可容纳的焊料量相对较小。但即便如此，假设引脚焊料量小或产生的气泡大，还是会导致焊点发生可靠性问题。图 10.17 所示为盲孔上直接组装产生的气泡。

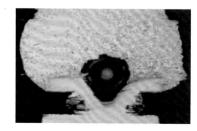

图 10.17　盲孔上直接组装产生的气泡

盲孔上直接组装已经成为 HDI 趋势。若盲孔填充达到一定水平，使用锡膏或焊锡组装时就不容易产生气泡问题。这在凸块、导电膏填充的 HDI 板上并不成问题，但对大多数使用电镀的产品来说就较棘手。这也是制作 HDI 板的业者不断被要求提升填孔电镀能力的根本原因之一。

若电镀填孔比较平整，不但锡膏印刷容易，回流后也可减少气泡及焊接不良缺陷。图 10.18 所示为填孔率超过 70% 的盲孔元件组装。

因为所剩的凹陷较小，所以容易排除气泡，实现良好的焊接。业者为了维持焊接

图 10.18　填孔率超过 70% 的盲孔组装

稳定，会设定焊接盲孔面的凹陷程度，这与孔径有直接关系：孔径大，则可接受的凹陷较大（与曲率有关）。据笔者所知，目前业者一般希望将凹陷控制在 5 ~ 15μm，直径越小，凹陷程度要求越严。但是，用于键合连接时，某些厂商希望完全平整或者微凹。由于多数电镀填孔都能做到微凸，因此只好进行磨刷整平处理。到目前为止，笔者没听过有任何一家厂商可做到刚好填平。

第 11 章

表面处理

电路板的表面处理与组装连接有关，处理面是电路板与元件连接的地方。理想状态下，组装工程师希望收到的裸铜板没有平整度、产品密度、清洁度等方面的问题，但这种理想状态并不存在。组装制程必须面对铜面氧化的挑战，而组装业所用的助焊剂活性并不足以克服这些问题。组装工程师与设计者必须选择适当的表面处理，且这种处理必须符合产品需求。必须留意的是，目前全球环保意识抬头，各种表面处理需要付出的成本都明显提高了。

早期电路板以电镀锡铅作为抗蚀层，线路蚀刻完成后经过锡铅回流焊就成了可焊接面。这种方法延续多年，结合端子电镀镍金处理，便构成了早期元件组装的表面处理基本形态。

导入 SMT 技术后，电路板设计由简单的锡铅回流焊转向符合 SMT 组装需求的表面处理。而新设计需要新方法，BGA、键合焊盘、压接都无法完全使用传统热风整平、电镀镍金技术来应对。环境问题又迫使业者专注于无铅制造，必须从传统热风整平转变成无铅热风整平。为了迎接绿色制造时代，一系列表面处理技术被推出。典型表面处理类型如下：

◎ 电镀镍金

◎ 有机可焊性保护（OSP）

◎ 化学镍金（ENIG）

◎ 化学镍厚金（ENTG）

◎ 化学镍钯金（ENEPIG）

◎ 化学沉银 / 电镀镍银

◎ 化学沉锡 / 热风整平

每种表面处理都对应着不同的连接方案，可参考表 11.1。只有 ENEPIG 几乎可应对所有组装需求，它常被认定为万用金属表面处理。后续内容中将部分金属处理视为传统制程，不做探讨。

表 11.1　电路板表面处理适用性

金属处理	可用范围	键合	倒装芯片	LGA	SMT
电镀镍金（软金）	镍厚 3 ~ 15μm，金厚 0.5 ~ 1.0μm	○	×	○	○
有机可焊性保护（OSP）	膜厚 0.2 ~ 0.4μm	×	○	×	○
化学镍金	镍厚 3 ~ 15μm，金厚 0.03 ~ 0.12μm	×	○	○	○
化学镍厚金	镍厚 3 ~ 15μm，金厚 0.03 ~ 0.12μm	○	○	○	○
焊料处理	共晶 / SAC305	×	○	○	○
电镀镍银	镍厚 5 ~ 10μm，银厚 1 ~ 3μm	○	○	○	○
化学沉锡	不超过 0.8μm	×	○	×	○
化学镍钯金	镍厚 5 ~ 10μm，钯 0.05 ~ 0.15μm 金厚 0.05 ~ 0.15μm	○	○	○	○

○适用；× 不适用。

11.1 有机可焊性保护（OSP）

▌理 论

有机可焊性保护（Organic Solderability Preservative，OSP）膜是一种有机处理层，可保护铜面新鲜，避免氧化发生，直到焊接时才被焊锡破坏。两种主要的保护膜都属于含氮有机化合物，一种是苯并三唑（benzotriazole），另一种是咪唑（imidazole），两种配方都可与裸铜面产生错合物。因为它们对铜面有选择性，所以基材与阻焊都不会产生吸附。

苯并三唑会形成单分子层并保护铜面，直到高温组装，保护膜在回流焊高温环境中挥发。咪唑会形成较厚的膜，经过多次高温后还能存活。考虑到不同的应用与抗氧化性，供应商会制作不同的配方来提升表面处理的分子密度。某些产品需要通过多次焊接处理，对耐热要求就较严苛，必须采用特殊配方来处理表面。典型的 OSP 制程与参数见表 11.2。

表 11.2 典型的 OSP 制程与参数

步 骤	温度 /℃	时间 /min
清 洁	35 ~ 60	4 ~ 6
微 蚀	25 ~ 35	2 ~ 4
预 浸	30 ~ 35	1 ~ 3
OSP	50 ~ 60	1 ~ 2

注：对于水平传送设备，浸泡时间必须缩短，这方面应与供应商讨论。

▌产 品

OSP 具有薄膜有机化合物特性，苯并三唑膜厚可低到 100Å，而咪唑膜厚可以达到 4000Å。保护膜透光且不易辨识，所以目视检查较困难。

▌组 装

经过锡膏印刷时，有机保护膜会被助焊剂溶解，让活性铜面暴露，焊锡与铜面形成金属间化合物。咪唑保护层表面经过一两次回流焊后，需要用更强的助焊剂做焊接。从事过 OSP 电路板组装的人士应该非常熟悉这类助焊剂需求。

▌限 制

这类 OSP 的最大限制是难以检查，苯并三唑保护层是非导电薄膜，不会对电气测试产生干扰。部分咪唑保护层偏厚，影响电气测试。多数厂商使用较厚的保护层时，会在处理前就做电气测试。

11.2　化学镍金（ENIG）

▌理　论

一般化学镍金（ENIG）处理是在铜面上制作一层 3 ~ 6μm 厚的化学镍，接着沉积一层薄金（0.08 ~ 0.12μm 厚）。镍层是铜扩散阻挡层，同时也是焊接作用的发生面。金层的功能是防止镍层氧化或者在储存中钝化。典型的 ENIG 制程与参数见表 11.3。

表 11.3　典型的 ENIG 制程与参数

步　骤	温度 /℃	时间 /min
清　洁	35 ~ 60	4 ~ 6
微　蚀	25 ~ 35	2 ~ 4
催　化	RT	1 ~ 3
化学镀镍	82 ~ 88	18 ~ 25
浸　金	82 ~ 88	6 ~ 12

注：这个制程的浸泡时间较长，采用水平制程较不切实际。

▌应　用

ENIG 可提供平整的表面，用于焊接、键合，也适用于切换开关的焊盘表面。它具有优异的焊接润湿性，金层在焊锡熔融过程中完全融入焊料，留下新鲜的镍层形成焊点。小量金融入焊料不会造成接点脆化，镍层也会与焊料产生金属间化合物。

ENIG 与铝线、金线键合制程都兼容。不过，用于金线键合的操作宽容度小，不建议使用。键合金线需要较厚的金层，这方面 ENIG 技术不太适用。采用这种表面处理的铝线键合效果良好，铝线最终会与底下的镍层产生键合连接。

ENIG 是理想的软性接触焊盘的表面处理方法。这种接触面具备电话、呼叫器等需要频繁切换开关的产品所需的金属表面特性。其镍层硬度与厚度，都使得这类处理适合前述应用。

▌限制：制程相对复杂且需要良好的控制

镍槽一般会在 82 ~ 88℃间操作，且浸泡时间都会超过 15min，此时阻焊的兼容性会受到考验。发生镍沉积时，需要持续补充。要获得期待的沉积厚度与形态，需要进行良好的制程控制。

金槽也在类似高温下操作，一般会浸泡 8 ~ 10min，沉积适当的厚度。过长的浸泡时间或者操作参数偏离，可能会导致底层镍受到腐蚀。腐蚀过度会影响镍面的功能性。

11.3 化学镍钯金（ENEPIG）

▌理 论

这种金属表面处理技术，先在铜面沉积一层 3 ～ 6μm 厚的镍，之后在表面沉积一层 0.1 ～ 0.5μm 厚的钯，最后在表面浸一层 0.02 ～ 0.1μm 厚的金。钯层可防止任何浸金导致的腐蚀，同时产生一层理想的可键合金线的表面。金层覆盖住钯，同时确保它含有催化的活性。典型的 ENEPIG 制程与参数见表 11.4。

表 11.4 典型的 ENEPIG 制程与参数

步 骤	温度℃	时间 /min
清 洁	35 ～ 60	4 ～ 6
微 蚀	25 ～ 35	2 ～ 4
催 化	室 温	1 ～ 3
化学沉镍	82 ～ 88	18 ～ 25
催 化	室 温	1 ～ 3
化学沉钯	50 ～ 60	8 ～ 20
浸 金	82 ～ 88	6 ～ 12

注：采用水平设备时，浸泡时间应缩短，可与供应商讨论。

▌应 用

ENEPIG 可产生平整表面，且是一种多用途型表面处理。它的功能类似于 ENIG，厚钯使金属面适合金线键合。在焊接中，钯与金最终都会融入焊料并形成镍锡金属间化合物。在键合过程中，铝线和金线都与钯面键合，且 ENEPIG 表面硬度也适用于接触式切换开关。

▌限 制

这种表面处理技术的主要限制是，有额外的钯处理成本，且会增加制程的步骤与管控项目。

11.4 化学沉银

▌理 论

一般化学沉银可制作薄镀层（0.1 ～ 0.4μm），产生致密的有机银层。表面被有机物封闭后，可延长储存时间。化学沉银能提供平整、方便焊接的表面，适用于高产出水平设备，也可用铝线线和金线键合。典型的化学沉银制程与参数见表 11.5。

表 11.5　典型的化学沉银制程与参数

步　骤	温度 /℃	时间 /min
清　洁	35 ~ 60	4 ~ 6
微　蚀	25 ~ 35	2 ~ 4
预　浸	室　温	0.5 ~ 1
沉　银	35 ~ 45	1 ~ 2

注：采用水平设备时，浸泡时间应缩短，可与供应商讨论。

▌应　用

化学沉银是一种适合焊接的表面，在组装中银会完全融入焊料，在焊点处产生铜银金属间化合物。它可提供优于热风整平的表面平整度，同时也是一种无铅表面处理。不同于 OSP 的地方是，这种处理可做检验，且经过三次回流焊还可保持一定水平的可焊性，在电气测试方面也问题不大，目前化学沉银在切换开关方面的应用仍然有待验证。

▌限　制

银的最大问题还是离子迁移，因为银盐较容易水溶，在湿气与偏压环境中存在风险。化学沉银搭配有机物，可让这种影响降得较低。此外化学沉银无法独立存在于组装后的环境，在键合、组装后最好密封银面，隔绝外部环境。

11.5　化学沉锡

▌理　论

化学沉锡之所以能够用于表面处理，是因为两个主要问题得到了改善：晶粒尺寸与铜锡金属间化合物的问题。化学沉锡经过技术改良后，可产生晶粒细致、无孔隙的沉增层。可行的沉积厚度大约为 $1.0\mu m$，可确保处理面无铜。典型的化学沉锡制程与参数见表 11.6。

表 11.6　典型的化学沉锡制程与参数

步　骤	温度 /℃	时间 /min
清　洁	35 ~ 60	4 ~ 6
微　蚀	25 ~ 35	2 ~ 4
预　浸	25 ~ 30	1 ~ 2
沉　锡	60 ~ 70	6 ~ 12

注：采用水平设备时，浸泡时间应缩减，可与供应商讨论。

▌应　用

化学沉锡表面可焊接，且可形成标准的铜锡金属间化合物焊点。化学沉锡可提供致密、均匀且让孔壁具有润滑性的沉增层，这种特性让它成为背板产品的表面处理选项，且非常适合用于压接的组装应用。

▍限　制

配制槽液需要用到硫脲，这在特定地区会因为环保因素而被禁止。在电路板厂，反应槽内的主要副产品是硫脲铜。业者应取得使用许可，且必须控制硫脲铜副产品与废弃物的处理。

化学沉锡表面有其寿命限制（低于一年），因为铜锡金属间化合物会持续生长，直到它触及表面并让产品失去可焊性。当产品面对高温、高湿时，这个过程会加速。

11.6　选择性化学镍金

▍理　论

不同于 ENIG 的全面沉积，部分应用（如移动电话）会采用选择性化学镍金，还有一部分则选择 OSP。移动电话的传统表面处理曾经是化学镍金，主要是考虑它有优异的导电性且接点有耐刮特性。这让化学镍金在移动电话市场使用了许多年。

不过，太多金属层出现在焊点会让它弱化，同时会降低元件的可靠性。若移动电话在掉落测试中产生故障，就意味着移动电话会因为焊点断裂而失去功能，因此业者尝试采用选择性化学镍金进行表面处理。

为了执行选择性制程，需要搭配可承受化学镍金制程的特殊干膜。最终，在暴露铜面与孔内制作 OSP 膜。这个制程必须与镍金面有兼容性，因此必须符合特定要求：

◎ 维持可焊性，同时可让焊接的元件焊点有较好的强度

◎ 不能让镍面减少和损伤

◎ 不能够沉积在金面上

▍应　用

应对选择性化学镍金需求，需要几个关键的调整。首先是调整镍层中的磷含量，让沉增层有较高的耐蚀性。其次浸金也要做调整，让沉增层较紧密、低孔隙，能够在制程中将镍层保护得更好。额外的步骤则是，需要做第二次图形转移来保护焊盘与孔。

▍限　制

选择性化学镍金，需要额外的制程步骤与特殊配方的干膜。额外的制程步骤（如二次贴膜、曝光、显影、最终退膜）会让人感到有些麻烦。不过，选择使用无铅兼容的 OSP 膜，明显有利于降低成本、提高焊点强度。

11.7　热风整平

虽然这种制程已经在多数电路板厂消失，但还有少数公司提供这种技术服务，原因

来自于客户需求、军事与航天应用等。业者还是认定焊料对焊料的可焊性应该是最好的，且目前已经有无铅热风整平的设备，如图 11.1 所示。无铅热风整平使用的合金类型包括 $Sn_{0.3}Ag_{0.7}Cu$、$Sn_3Ag_{0.5}Cu$、$Sn_{0.7}CuNi$。

图 11.1　垂直热风整平设备（来源：www.pentagal.de）

最新的做法包括利用镍金属来提升稳定性的无铅合金，转换成无铅热风整平，重点还是合金的熔点（表 11.7）。

表 11.7　合金特性整理

合 金	熔 点	制程温度	温差范围
$Sn_{63}Pb_{37}$	183℃	250℃	67℃
$Sn_{99.3}Cu_{0.7}Ni$	227℃	265℃	38℃

11.8　微凸块制作

微凸块制作主要用于封装载板，尤其是倒装芯片载板。特别密的元件组装位置（如 TAB），有些业者会做精密锡膏印刷，提供适量的焊料，以备后续组装之用。以往表面贴装的主要做法是将锡膏印刷到焊盘上，再经过贴片、回流焊程序来焊接元件。但当元件引脚节距越来越小时，印刷精度与焊料供应量的稳定性就越来越难以控制。以往的印锡膏直接贴件，已无法满足精密组装的要求，因此就有了所谓的"微连接技术"。这类技术的重要手段是利用微凸块连接。

　　微凸块连接十分多样化，各向性导电膜（Anisotropic Conductive Film，ACF）就是微凸块应用范例。一般而言，微凸块连接可分为焊料与非焊料两类。焊料类微凸块经过回流焊时，会因为熔融焊料的表面张力而具有自对准能力，有利于较高密度的焊接操作。

　　芯片封装半导体凸块有许多不同的制作方法，不属于我们讨论的范围。但在电路板端，目前也有凸块或微连接点制作技术。普遍用于电路板的处理方法仍以锡膏精密印刷为主，不过日本古河电工与合作商共同开发的"超级锡铅"，则是另一颇为知名的技术。另外，日本昭和电工有一种称为"Super Juffit"的制作技术，采用粉体喷涂法制作小区域焊料凸块。这些都是较知名的微凸块制作方案。当然，也有人尝试电镀、喷涂、点涂等方法，但是以目前的细密度需求以及实用性而言，印刷法仍然是主要的凸块制作方法。图 11.2 所示为采用印刷法制作的凸块。

图 11.2　采用印刷法制作的凸块

　　为减少凸块空洞，同时减小凸块体积偏差，也有部分厂商开发了被称为"微球"的植球技术。图 11.3 所示为典型的"微球"植球制程。

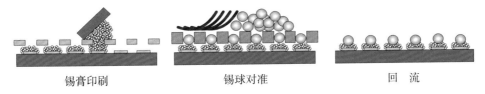

锡膏印刷　　　　　　　锡球对准　　　　　　　回　流

图 11.3　典型"微球"植球制程

11.9　微铜柱凸块制作

　　当引脚密度越来越高时，倒装芯片载板的焊接必然会面对两个主要问题：芯片离板距离不足、凸块制作不易且易产生短路。更深一步讨论还涉及离板距离过小的可靠性问题、底部填充不易的困境。

因此，半导体端已经开始采用微铜柱凸块结构做接点。微铜柱凸块也可用于载板制作，这些方面已经有不少业者尝试，相信不久的未来也会成为 HDI 载板的重要表面处理技术。图 11.4 所示为典型的微铜柱凸块外观。

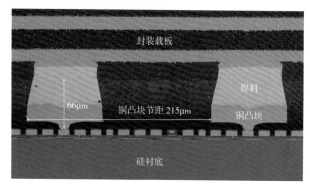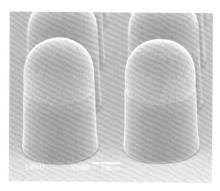

图 11.4   典型的微铜柱凸块

第 12 章

电气测试

　　HDI 板生产必然存在一定的故障率，而下一阶段是高单价芯片、元件组装，因此出货前做适当的最终测试与检查，可降低潜在缺陷的输出比例。多数电路板不过是一片复杂和大量线路连接的产品，主要提供元件承载与电气连接的功能。因此最终测试主要是电气测试。

12.1　电气测试的驱动力

　　有几个因素影响着电气测试：

◎ 大量 BGA、CSP、DCA 技术导入电子产业→互连密度增加→测试点密度与数量增加

◎ 细小外观→较小间距能力的测试系统与较缓和的接触式或非接触式测试需求

◎ 小量、混合生产→夹具低使用次数冲击需要更弹性的测试系统

◎ 埋入式无源元件→需要新的测试功能与专用系统

　　周边引脚变成阵列引脚的趋势：从 20 世纪 90 年代中期开始，复杂的 HDI 板就要面对 300 个引脚、16mil 节距的 32mm×32mm QFP 大型封装，或者 400 个引脚、50mil 节距的 25mm×25mm BGA 阵列封装。

　　更复杂的 HDI 产品，如 IC 封装载板，特别是 FC-BGA 或 FC-CSP 载板，成千上万个引脚的产品都有案例。在芯片端，已经出现 130μm 以下引脚节距的阵列设计，这与当初 HDI 发展初期已不可同日而语。尤其是某些业者期待降低芯片的制作成本，希望能够维持周边引脚连接，免除重新布线层（RDL）的制作，因此采用了线路上焊接（Bond on Trace，BoT）结构。典型的线路上焊接结构如图 12.1 所示。此时所面对的测试点间距，最密处可达到 30μm 以下。

12.2　测试成本的考虑

　　测试成本可分为两个部分：

◎ NRE（Non-Recurring Engineering，一次性工程）费用（数据处理与夹具制作）

◎ 操作成本（设备投资、人工、保险、分摊等）

　　电路板的复杂度倍增，测试点数量必然增长，测试夹具成本快速增加是大势所趋。组装产业几乎一面倒地将传统周边引脚封装转换成阵列式封装（如 BGA），且相当高比例的键合封装也转换成倒装芯片互连，需要的测试点数呈非线性增长，这导致测试夹具密度需求暴增。

　　产品生命周期明显缩短：以前手机产品的平均更换周期约为两年，现在半年换机的大有人在。结果因为产品更新快，导致单一夹具可分摊的电路板测试量降低，花费在单一电路板测试上的夹具费用也快速增加。此外，随着电路板密度与复杂度的提高，探针、端子成本也增加了。这些都严重影响到了测试成本。

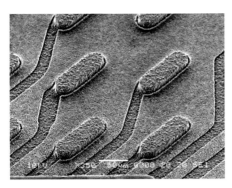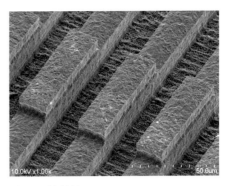

图 12.1　典型的线路上焊接结构

另一个影响测试成本的因素是单一测试机的可产出量降低，而根本原因是较复杂的测试夹具的接触稳定性较差。比如，测试点从 20000 个增长到 40000 个，只要有一个测试点出现接触不良或故障，测试结果就不确定，此时重测就是必要步骤，进而导致产出量明显降低。某些业者因此干脆采用小区域测试，接触问题得以解决，但测试次数增多，产出量一样会降低。

高引脚数测试机的投资成本必然较高，因为测试机需要的测试通路必须增加，以面对高密度需求。整体而言，夹具成本暴涨且增长加速，但是更大的挑战却是电路板单价的持续滑落。

12.3　电气测试的目的

电气测试的目的是要检查复杂的线路状况，确认电路板没有任何短路、断路、漏电缺陷。这要求连接所有端点（网络终点）做测试，而这些点就是后续组装元件会连接的点。若引脚呈现高密度与细小外形，如倒装芯片区域，它们的测试就会较复杂。

一旦电路板在测试中以可靠的方法顺利连接，电气测试就可通过测量与软件比对找出问题点。不良的测量未必会损伤电路板功能，但是有些情况下还是会损伤。不少电路板的设计与应用让最终产品故障难以察觉，尤其有些故障要等到组装完毕才能发现。

单一电气测试的投入无法确保找出所有缺陷，而找出所有缺陷也不现实。现有电气测试系统无法检测出所有与孔环、层间对位有关的问题，且这类缺陷未必会影响测试系统检测互连完整性的结果。目前可用标准测试设备测得的一般性故障，还是以断路、短路、漏电这三种类型为主。

▌断　路

断路就是在网络中出现不连续或未连接的现象，因此网络被分割成两个或多个功能不良的回路。断路的产生可能有多种模式，包括过度蚀刻、电镀不足、污染、曝光不足、对位不良等。测试断路的流程，被称为连续性测试。依据不同应用，客户会要求设定各种标准，从数百欧姆到 1Ω 都有可能。

需要提醒的是，阈值为 10Ω 未必就意味着真的要以这个标准来把关检查。线路电

阻通常远低于 1Ω，而测试端子接触点的电阻的范围从几欧姆到超过 10Ω 都有可能。只有采用开尔文四线测试法，将标准设定为低于 10Ω 才有意义。这种方法可避免接触电阻产生的干扰。当线路电阻低于 1Ω 时，四线测量法仅会提供低于 1Ω 的阀值。图 12.2 所示为开尔文四线测试法的接线。

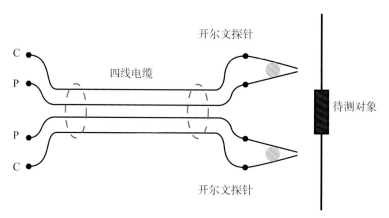

图 12.2 开尔文四线测试法的接线（来源：ATG）

█ 短 路

短路是两条、多条线路或独立区之间的错误连接，这些连接在设计中是不应该存在的。短路可能来自于各种因素，包括过度曝光、蚀刻不全、成形、热风整平等。至于其他明显的短路缺陷，最大电阻都只有几欧姆。短路测试过程被称为绝缘性测试。依据应用与最终客户不同，会设定不同的可接受性测试阈值。

█ 漏 电

漏电应该算短路的一种，可认为它是具有较高电阻的短路，一般定义为两导体间的局部性连接。这类短路的电阻会介于可接受性阈值电阻与期待绝缘电阻之间。常见的漏电问题常来自离子污染及湿气，且两者间有相当高的相关性才会在特定条件下形成漏电。离子污染可能发生在许多电路板制作过程（内层压合、电镀、阻焊或手工作业）中，主因是电路板制作常采用金属盐类做电镀及湿制程处理。金属盐类几乎都会导电，因此制作过程中会在表面延展出薄膜。

这些污染未必会直接产生短路，而常呈现高电阻。而处于高湿度环境时，阻值就会降低，最后产生短路。电路板材料天生就会吸湿，若使用中出现漏电通路，金属迁移现象就会出现在两导体间，最终出现严重的短路问题。因此，在电路板用于产品前找出潜在的漏电通路，是相当重要的事情。

测试漏电的过程被称为绝缘电阻测试，测试者应依据应用会设定不同的电阻阈值——常见的水平从 $10k\Omega$ 到 $100k\Omega$ 不等。能够达到 $1G\Omega$ 或者更高当然是一种期待，不过很少有生产测试能够执行如此高阻值的测试。

电气测试的价值不限于故障板检测——结合缺陷统计分析，电气测试有助于生产制程优化：若观察到特定重复缺陷，则可将问题归为制程相关。

12.4　电气测试策略

什么产品需要测试？抽样比例如何？何时需要测试？若所面对的电路板相当关键（军事、航天、汽车、载板产品），则需要做 100% 测试，理论上不能过分顾虑成本。

一般主流与消费类产品市场，都会接受有一定数额的出货电路板故障率。是否要做测试，一般以整体测试成本低于不测试或报废产品成本为参考点，在后续的不同阶段做判定：

◎ 裸板

◎ 组装

◎ 成品

电气测试的附加价值相当简单——节省金钱。首先，它可在工厂内节省金钱：测试可提供质量反馈，帮助制程改善、提高良率、降低报废；测试也可在组装上节省金钱，只要防止元件安装到故障板上，就可省下可观的金钱。

选择测试的相应策略，可考虑几个变量：

◎ 电路板的生产成本

◎ 电路板的测试成本（包括修补）

◎ 制程良率

◎ 客户需求（电路板整体的关键性、最终组装产品成本、安装的元件成本）

应该留意的是，正确的测试策略不应该由电路板厂单方决定，而应该由双方或三方共同讨论决定。

12.5　电气测试的前三大考虑因素

一个电气测试系统，要评估其性能，一般会关注以下三个因素。

（1）细节距与局部密度能力：端子要能连接高密度焊盘，特别是阵列封装 / 倒装芯片的连接焊盘。

（2）低成本特性：

◎ 高生产率（测试点数量与单位时间测试点数）

◎ 低 NRE 和操作成本

◎ 低设备投资

◎ 快速设定与弹性使用

（3）探针印痕：回路列表、数据转换对于测试也相当重要，多数新测试设备都会将它们列入标准功能，只是速度与方便性也应该要列入考虑。此外，越来越多的有源 / 无源元件被埋入 HDI 电路板，可能需要专用测试设备来应对，特别是电容、电感——对于特性阻抗测试也一样。

12.5.1　细节距与局部高密度能力

测试节距，就是测试点中心到中心的距离。先进 IC 封装载板的阵列节距会小于 150μm，某些特殊应用的设计还尝试使用小于 100μm 的节距来设计，并且宣称很快就可能量产。

测试密度就是单位面积内需要的测试点数量。含有倒装芯片阵列设计的高密度载板有非常高的密度，而难以用一般的针床夹具做测试。例如，1.27mm 节距的 BGA，会出现局部密度达每平方英寸 400 点的需求，这已经相当于高密度通用针床的测试密度。一个 0.15mm 节距的倒装芯片封装区域，会出现局部密度达每平方英寸近 30000 点的需求——这已经相当于高密度针床测试密度的 75 倍——无法再使用传统的针床测试。

12.5.2　成本特性

简单的测试成本考虑项目如下：

◎ 生产率
◎ NRE 费用
◎ 操作成本
◎ 设备费用
◎ 快速设定能力

从设备投资角度来看设备生产力，同一片电路板更快完成测试、有较低测试成本都可当作指标。最佳评估指标，可用设备每秒可测试的平均点数为基准。例如，电路板有 1000 个测试点，总测试时间为 10 s（包括短路、断路与漏电），则设备的生产率就是每秒 100 点。生产率标准容易混淆，由于使用的测试参数、方法不同，生产率变化不小，因此在没有更好的指标时，采用单位时间可测试的点数是较客观的方法。

12.6　HDI 板的电气测试需求

基于上述电气测试的三大考虑参数，目前的典型应用的测试需求见表 12.1。

表 12.1　典型应用的测试需求

手持设备（如移动电话）的母板	典型封装（FC-BGA、FC-CSP 等）的载板
·最小阵列节距：< 0.25mm ·未来市场：可分区测试，应用载板资源	·最小阵列节距：< 135μm ·特殊周边引脚节距：< 50μm ·未来市场：可能出现 100μm 以下节距的设计

一台理想的 HDI 板电气测试设备，应该具有以下特性：

◎ 有 50 ~ 100μm 节距的测试能力（外围或阵列），符合 IC 载板应用需要
◎ 没有焊盘损伤（非接触或非常轻的接触，仍然可穿透氧化层）
◎ 可做低于 10kΩ 的持续测试，超过 10MΩ 的绝缘 / 漏电测试
◎ 低的整体成本

可能的想法如下。

（1）无夹具测试技术用于小量、中量生产（低于 200000 片板），依据设备价格与操作成本，要有高于 100 ～ 300 点 /s 的生产率。

（2）若需要生产率达到 800 ～ 1200 点 /s，可用大量生产的夹具，设备价格、操作成本与夹具成本都应该更合理。

▌工程成本

NRE 成本与夹具 / 工具成本有关，如专用夹具、固定夹具、针床。假设生产一片价格低于 400 元的电路板，一套夹具可用来测试 100 万片电路板，其夹具费用为 4000 元或许可接受（每片电路板分摊的测试成本为 0.004 元）。但是，若只能用来测试 100 片电路板，则不能接受（每片电路板的测试成本为 40 元）。

▌操作成本

操作成本是厂商最熟悉的部分，包括更换探针 / 端子、启动设备、维护等的成本。操作成本应该含公用设备成本，如电能、空气等。

▌设备投资成本

设备投资成本是在采购设备时需要支付的钱，较高的设备投资，就意味着较高的单位时间折旧分摊——可依据设备折旧的年限来分摊（一般是 5 ～ 10 年）。

▌快速设定能力

多数测试设备在启动或更换料号前需要一些设定时间，这时的设备停机时间必须分摊成本。设定时间应该越短越好，一般应该在几分钟。

所有前述成本，加上实际发生的周边、人员、保险等成本，就是产品需要负担的测试成本。考虑测试策略时，要确认什么是电路板测试成本的底线。其实以每 1000 个测试点为单位来计算成本还算比较精准，因此有业者建议以 1000 点的测试成本为评估基准，而不是以每片板的测试成本为基准。

▌没有焊盘损伤

图 12.3 所示为测试焊盘上的探针痕迹。到目前为止，没有任何接触式测试技术可免除测试痕迹。只要痕迹尺寸不大于测试区面积的 10%，业者都会被迫接受。不过，即使测试焊盘尺寸缩小，痕迹尺寸却无法成比例减小。总有一天，痕迹会超出焊盘面积的 50%，这是无法接受的。

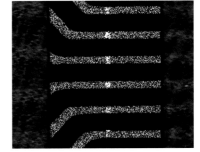

图 12.3　测试焊盘上的探针痕迹

12.7　HDI 板电气测试方案

（1）为了快速收回夹具费用，可以只做大量生产。不过，电路板产业无法控制需求量，只有市场能控制需求量，且实际趋势是单批的量降低。

（2）说服客户支付增加的测试成本，这样的想法简单但实行困难。

（3）尝试加速发展低成本夹具技术，以理想的细节距、无夹具快速测试技术进行大量生产（超过 100 点 /s）。

如同图形转移技术，除非非常大量的生产成本可分摊，否则工具 / 夹具在下一代设备上都应该数字化，排除直接夹具成本。

12.8　电气测试

12.8.1　针床测试机

针床测试机（通用网格或专用夹具针床）的构成：

◎ 一个电子部件（有几百个电子接点的板子）

◎ 一个机械部件（几吨的压机）

◎ 一套软件配件（准备夹具并以测试机驱动）

◎ 一个夹具部件（针床或专用夹具），可测试 1000 ~ 20000 点

每片新电路板都需要新的测试夹具。有以下两种不同的测试机针床夹具系统。

（1）通用网格测试机：夹具是利用斜插探针制作的。

（2）布线或专用夹具：制作成本高且费时，但是测试较快且可靠，设计不需要遵守通用夹具的网格结构。

从测试点的角度来看，通用网格测试机与专用测试机非常相近。它们都是利用模块式电子功能做点测试，可读取相关导线的电气特性值（电流、电压），验证特定测试点的连接状况。两者间的差异主要在于探针配置在夹具针床上的方法，但它们都以机械接触来达成测试电路板的目的。

12.8.2　通用测试机

通用网格或斜插探针夹具测试系统，都是依据固定网格距离做点测试，一般网格的节距配置以 2.54 ~ 1.27mm 阵列为主。它们使用斜插探针夹具，如图 12.4 所示。制作这种夹具的成本从 4000 元到几万元不等，主要使用者集中在欧美国家。

图 12.4　通用网格测试针床的测试夹具

▌优　势

◎ 夹具成本相对低（与专用夹具相比）。

◎ 测试机标准生产率介于 500 ~ 1000 点 /s，随复杂度而不同。

▌缺　点

◎ 通用夹具用于量产，若要保持合理生产率，网格节距应限制在 0.4mm/0.3mm

◎ 实际密度能力限制在 0.5mm BGA 或者相当水平

◎ 与专用夹具相比，用于大量生产较不可靠

◎ 用于先进载板测试时，生产率偏低（＜ 500 点 /s）

因为结构限制与可靠性问题，多年前就有四倍密度测试机出现在市场上，还搭配了 1.27mm 网格阵列测试点。十多年前，电路板两面的总测试点数普遍在 16000 ~ 32000，而 HDI 类产品的总测试点数高于 128000 是常事。图 12.5 所示为不同等级的网格密度。

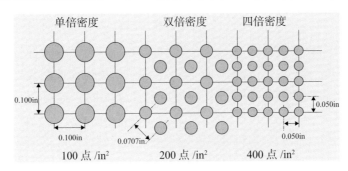

图 12.5　单倍、双倍、四倍密度的网格密度

12.8.3　专用夹具测试机

对于专用针床夹具，接触网格被测试机的电子连接器接口取代，好处是需要制作的点数可能较少，因为点数与板密度有关，而不是电路板尺寸。图 12.6 所示为专用测试夹具。

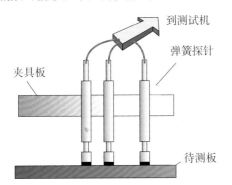

图 12.6　专用测试夹具

通用测试机与专用测试机的最大差异在于，专用测试机的测试点未必配置在阵列网格上，而是通过外部夹具连接到专用夹具上。夹具是由探针与弹簧等构成的。这类夹具较贵，但是用于大量生产时较可靠，且有较高的生产率。在亚洲有大量厂商使用，因为多数规模较大。

12.8.4　弯曲探针夹具

对于最复杂的 HDI 应用，IBM 在 20 世纪 70 年代后期发展出一种弯曲探针夹具，如图 12.7 所示。

弯曲探针夹具由夹具与微型线材制成，被重点厂商使用。这些线材可利用几片导向板引导，最终实现细节距探针配置。

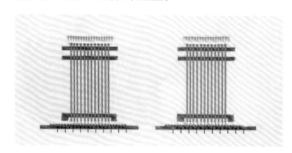

图 12.7　弯曲探针夹具

这种夹具的探针承受负荷时，线材就会弯曲。弯曲产生了一种弹簧行为，但是弹力与线材移动量没有固定关系。弹簧受压产生力，压缩量乘以弹性系数等于压力。这种夹具的大部分力来自夹具的拘束线材，线材移动产生反作用力。这个因素对于夹具的行为相当重要，与接触下压、接触阻力、测试痕迹严重性都有关系。

设计拘束线材夹具时，刮伤行为是必须考虑的先天特性，要适度控制探针的削刮程度。理论上，探针可测试的接触点节距可小到 150μm 或以下。接触力是线材直径的函数，若有高接触力需求，可以使用 125μm 直径的线材。若允许采用较低的接触力，可考虑使用 75μm 直径或者更细的线材。

▌ 优　势
◎ 测试节距可达 150μm 或以下
◎ 可靠性高→高生产率（受限于 HDI 板可用测试点数，典型速度为 800 点/s）

▌ 缺　点
◎ 夹具成本高
◎ 只能用于小尺寸电路板

12.8.5　飞针测试机

飞针测试机如图 12.8 所示，也被称为"移动探针系统"，是一种半自动平行测试设备。由于同时接触板面的点数少，比针床测试机的速度低。目前，这类设备以增加探针数与测试速度为主要发展重点。

飞针测试机的主要用途还是样品测试，主要优势是不需要使用夹具。动态探针（至少每面要有两点）在 (X, Y) 坐标上移动，进行成对的测试点验证。如第一个探针设定输入电压，另一个探针就做电流检测，如此系统就可测量回路电阻。

飞针用于断路测试相当有效率（对于 HDI 板可达到 40 点/s 以上），因为它正比于

图 12.8　飞针测试机（来源：ATG）

连接密度。而它用于短路测试时就较慢，因为绝缘电阻测试要测试所有回路间的两两关系。可利用 CAD 数据统计优化，排除不必要的回路测试，这方面可依据两线路距离、短路与否的逻辑来决定。

当电路板上有几千点时，测试可能要用几分钟。也有其他方法可以使用，如区域测量、放电、电容量、相差等。取这些替代测量方法的优势，找出独立回路而不是逐一测试单一回路，这样可节约大量的时间。飞针测试机需要用较多的时间完成相同区域的测试，因此它们多数用于样品测试与小量产。但 HDI 板有时候只能用飞针测试机测试，因为它们的复杂度太高（细间距与高密度）。飞针测试系统的特性如下：

◎ 细节距能力优于斜插探针夹具，可测试 150μm 或者更小节距的网格。目前，有特殊机种宣称测试节距可达 50μm 以下

◎ 没有夹具需求

◎ 测试速度从每片板几分钟到超过 1h，依据测试点数而定

相当多的飞针测试机都使用电容量测试法或者是类似的方式，这样可让测试速度大幅提升。不过，这类方法无法真正实际测试线路电阻，并非没有漏测风险，但是对于高测试点数的板相当有效率。

▎优　点
◎ 对细节距板非常有效，一般机的测试节距极限在 100 ~ 150μm
◎ 不需要夹具

▎缺　点
◎ 低生产率（对于复杂 HDI 产品，如 IC 封装载板，典型速度为 5 ~ 10 点 /s）
◎ 先进机型可控制下压力道，尽管比针床测试法的损伤风险小，但是仍然有焊盘损伤风险

飞针设备非常适用于小量、中高度混合生产，HDI 样品、先进 HDI 载板的生产以及小量高度混合生产，都可以考虑选用这类设备。

12.8.6　混合探针

混合探针主要用于测试小量、中量的 IC 封装载板，如 FCBGA、FCCSP。它整合了以下两种工具：

◎ 专用针床 / 夹具,用来连接 BGA 封装载板的焊盘端(一般是几百个引脚,1.27mm 节距),既不复杂也不贵

◎ 飞针(一对)用来测试倒装芯片面,典型测试能力为 180μm 节距 /5000 点

对于相同的应用,混合探针的生产率可达到 25 ~ 30 点 /s,飞针可达到 5 ~ 10 点 /s,而针床可达到 800 点 /s。当然,这些数据会因为飞针设备的探针数量增加而提高。

▌优　势

◎ 可有效用于小量特殊设计,如 IC 封装载板

◎ 比飞针的生产率高,因此整体成本低

▌缺　点

◎ 主要用于 IC 封装载板测试

◎ 仍然需要针床应对底面,测试变得较复杂(对于 FC-CSP 应用,节距达 0.3mm),外引脚较多

12.8.7　感应式测试技术

感应式测试技术主要用于 PBGA 等 IC 封装载板,它整合了两种技术:

◎ 专用针床 / 夹具技术,用来测试 IC 封装载板 BGA 焊盘面(一般是几百个引脚,1.27mm 节距),既不复杂也不贵

◎ 电容偶极,以非接触方式测试键合面

以电容传感器检测底面针床输入的交替信号,若检测到键合焊盘上的信号,就表示该处没有出现断路。可用针床在底面做绝缘测试,因为这种载板有特殊的设计(两个测试点回路,一个在键合焊盘面,另一个在 BGA 焊盘面)。典型的感应式测试如图 12.9 所示。

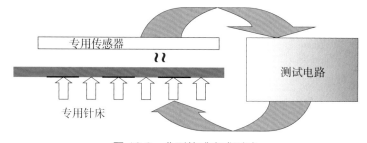

图 12.9　典型的感应式测试

▌优　势

◎ 可测试精细的周边引脚(节距可达 80μm 以下)

◎ 快速

▌缺　点

◎ 并不适合阵列测试点——与倒装芯片设计不兼容

◎ 适中的夹具成本

当 PBGA 逐渐被 FCBGA、FCCSP 取代，感应式测试技术也逐渐被放弃。

12.8.8 发展中的测试设备——电子束测试机

测试、检验对于多芯片封装载板及混合板十分重要，它可以降低产品风险，提高产品的可靠性。目前大型芯片的封装载板，密度已经超越传统测试技术的能力。封装载板的接点密度大幅提升，使用传统测试技术可能需要数小时之久。

业者尝试导入的电子束载板测试机（Electron Beam Substrate Tester，EBST），具有电子束测试能力，可在合理的成本下有效测试高密度封装载板。图 12.10 所示为典型的电子束载板测试机。

短路、断路测试机可归类为两种形式：机械探针接触式及电子束探针式（非接触式）。机械探针会在测试中损伤测试点表面，有时也会在接触过程中产生摩擦污染，表面污染会对模块产生不良影响。此外，机械探针无法用于外观尺寸低于 25μm 的测试点，同时机械接触测试也较缓慢。

电子束测试技术用于高端多芯片模块短路、断路测试，已经呈现出相当高的可信度。这个技术类似于传统探针测试法，利用测试端与测试点对位程序，完成对位即可做回路测试。

图 12.10　典型的电子束载板测试机（Prismark Report）

电子束测试端提供回路应有偏压，同一个测试端既可提供回路偏压，也可检测其他回路电压，可测试回路内断路现象和回路间短路现象。

与传统探针不同，低能量电子束产生非接触接点，完全不会在测试中产生测试点、线路损伤，因此可以作为担心损伤的产品的测试工具。电子束测试点可在数微秒内转换位置，但机械探针的转换需要 1000μs 至数千微秒。

电子束测试的优势是，可用于任何电路板内的金属导线状态验证。载板修补可以靠EBST 数据来监控与执行，部分内层板或半成品可在途中做修补，或在制程中报废，以降低后续制作成本。对于新的设计，数据可用来验证设计的布线结果，避免不必要的失误。

电子束测试的基本作业模式，可经由两个不同程序执行，一个利用电压对比法，另一个则利用切换网格偏压法。电压对比法及切换网格偏压法，都使用第二接点放电产生结果。

▋电压对比法

业者做载板测试开发时先用了电压对比法，这个方法已成功用于特定应用，且已经拥有丰富的数据。它首先在回路充电状况下测量电压，被充电回路会呈现短路状态。之后，回路会被充电到预定电压。至于其他节点，则通过电压检测导通状况：没有电压存在，代表回路呈现断路状态。这种程序可不断在各个回路中重复。测试前及作业过程中，必须从封装载板中去除静电荷，以免发生误测现象。可用除静电装置均匀去除封装载板上的电荷。

▋切换网络偏压法

这是由 Alcedo 提出的专利方法，如图 12.11 所示。

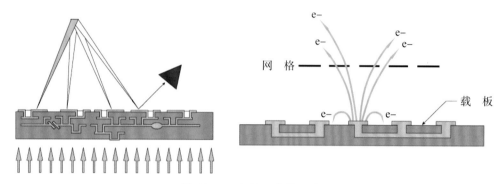

图 12.11 切换网络偏压法

切换网络偏压法的测试步骤如下。

（1）将测试区分割成 2×2 的区块，因为电子束一次只能覆盖这么大的区域。利用电子束扫描这些区域，且必须正对测试点位置。测试时必须考虑对位偏差，包括放置位置、移动台面、材料胀缩等偏差因素。

（2）电子束撞击一个选定的测试点，并使其保持在正向电压状态：典型值为 +10V。

单点电气状态转换速度，主要取决于回路电容的大小。任何有短路、断路的回路，其电容都会与正常回路不同，因此测试时可检测到短路、断路问题。

测试 HDI 封装载板并不容易，需要许多专业知识的支持。期待正在发展的新技术具备更高的性能，且具有低成本的优势。非接触式测试技术，几年前曾经有可用的设备出现在市场上，可惜因为财务问题又从市场消失。产业仍然对这类技术的发展有所期待，测试技术专家需要继续努力。

第13章

质量与可靠性

质量与可靠性对产品的意义非同寻常，质量代表着经济效益（economic value）、安全（safety）、可靠性（reliability）、稳定性（stability）、操作性（operating condition）、性能（performance）、可维护性（maintainability）等。

但产品可靠性只代表着某个时段内的产品生故障率。因此，可以说可靠性是一个产品在生命周期中的功能稳定性评估指标。可靠性的议题包括故障率、可靠性测试等，电路板产品的可靠性相关议题就是本章的讨论重点。

13.1   质量与可靠性的指标

质量与可靠性的计量方法有所不同，采用的抽样方法也不相同。质量指标以数量为重点，因此计算的是缺陷品的比例：以每百万个产品中有几个缺陷品（Defect Part Per Million，DPPM）为计算基准，是常见的计算模式。

可靠性指标着重于产品使用时间的长短，主要有两种测试模式：

◎ 少量样品做长时间测试
◎ 多量样品做短时间测试

13.2   可靠性描述

简易可靠性方程如下：

$$R(t) = 1 - F(t)$$

其中，$F(t)$ 是表示故障率的函数。故障率函数包括四种主要故障类型：瞬间故障率（Instance Failure Rate, IFR）、平均故障率（Average Failure Rate, AFR）、平均故障发生时间（Mean Time To Fail, MTTF）、平均故障间隔时间（Mean Time Between Fail, MTBF）。其中，第四项较特殊，指的是可自行恢复或修复的故障状况，如宕机。这种数据在许多电子产品的数据手册中呈现，如打印机、硬式磁盘驱动器等。

一般产品的常见可靠性问题，可以用可靠性浴盆曲线（bathtub curve）表示，如图 13.1 所示。

利用老化测试，可以用较严格的方法将早期失效产品剔除。至于老化测试的条件——如何设定早期失效与正常失效之间的界限，必须在事前作审慎评估。

近年来，电子产品的生命周期及更换率都与早期有明显差异，许多测试标准是早期美国军用标准或通信系统产品的标准，是否要遵循同样标准必须谨慎决策。因为这关系到产品的开发速度、制作成本，当然更重要的是市场竞争力。

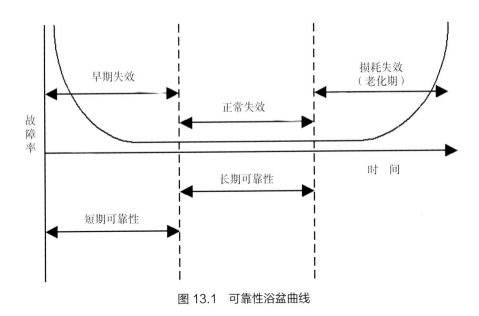

图 13.1　可靠性浴盆曲线

13.3　可靠性测试

可靠性测试是仿真实际产品使用状况的测试，但测试时间无法与使用时间相同，因此加速测试就是可靠性测试的基本模式。即便是加速测试，项目仍然可分为短期可靠性测试与长期可靠性测试两类。

可靠性测试的目的在于发现潜在的故障，评估故障发生频率，确认故障模式。此外要确认这种模式在生命周期中会不会发生等。

加速可靠性测试的重要假设：故障模式不因为应力模式改变而改变；应力改变相当于缩短使用寿命，这种应力改变可源自于压力、温度、湿度的变化。

电路板的可靠性测试要求，除了遵循 IPC 测试标准，最好还是与客户确认。对封装载板而言，会有比电路板要求更多、更严的测试项目。典型测试项目如下：

◎ 压力锅测试（PCT）

◎ 热循环测试（TCT）

◎ 热冲击测试（TST）

◎ 温湿度偏移测试（TTHBT）

◎ 高加速应力测试（HAST）

◎ 高温储存寿命测试（HSLT）

不论是 HDI 板还是封装载板，由于使用历史较短，且设计结构与传统电路板有出入，因此许多测试规格仍然在不断修正与调整中。不过，经过测试的电路板和封装载板，都不允许出现短路、断路、断裂、功能异常等现象。

在部分 HDI 板制程的研发过程中，会进行盲孔连接可靠性测试。典型做法是在电路板边缘或废料区做测试孔设计，将许多盲孔与通孔连接在一起，制作完成后测试动态电阻变化。无论是热循环测试还是应力测试，一般都希望测试电阻偏移都能保持在最低水平。常见的正常偏移量，都可保持在 3% 以内。图 13.2 所示为常见的盲孔可靠性测试孔连接设计。

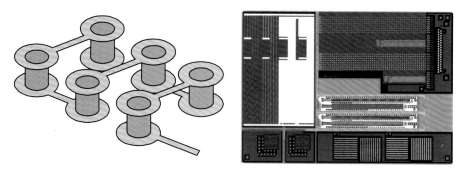

图 13.2 常见的盲孔可靠性测试孔连接设计

图 13.2 右部为 MRTV-2 测试样本，是 IPC-ITRI 用来做各种微孔可靠性测试的标准设计。

13.4 HDI 板的可靠性

目前 HDI 板的故障现象大多与线路短路、断路缺陷有关，常见的如微孔断裂以及树脂层损坏等问题。以微孔断裂现象来看，缺陷仍然以孔底金属与电镀金属界面处最多，典型现象如图 13.3 所示。

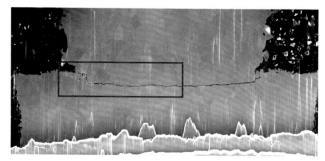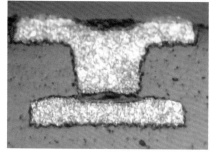

图 13.3 微孔断裂的缺陷现象

这类可靠性问题会出现电阻逐步偏移，因此短路测试、断路测试不一定能完全筛检出缺陷。可靠性测试，如 HAST，会给基板加速应力。因此，若微孔连接口界面处结合不良或有瑕疵，很容易产生电阻偏移问题。

另一个较重要的可靠性问题，就是铜金属离子迁移。由于电路板的焊点密度提高及孔径缩小，导体金属距离相对变近，绝缘层也变薄。这种结构带来的可靠性困扰是，两相邻金属间很容易产生金属离子迁移，尤其是在可靠性测试中提高湿度时离子迁移加速。图 13.4 所示为电路板经过可靠性测试后发生的金属迁移现象。

发生这种问题的原因是树脂在可靠性测试过程中被金属离子贯穿。树脂材料有一定的绝缘强度，若两侧电压超出其绝缘强度，则材料两端的金属就会因为离子迁移而贯穿短路。多数贯穿短路的树脂层有两个基本特点：一是树脂两侧电压较高，超出树脂材料负荷；二是树脂本身厚度或性能不足。

图 13.4　金属导体间的金属迁移现象

13.5　HDI 板的成品检验

HDI 板制作完成后必须做最终质量检验，这对于看惯传统电路板的人会有点吃力。除了例行检查项目，如短路测试、断路测试、外观检查、尺寸检查、机械及组装特性检查，客户对特殊组装位置也会有不同的检验要求。

HDI 板的组装变异多，特定组装可能会有不同的检验要求，最明显的范例就是表面处理。同一片 HDI 板上时常有两种以上的表面处理，例如：有 OSP 区用于焊锡，又有键合组装需求，还可能要求按键表面处理。同时出现三种不同的表面处理要求，机会并不是太大，但是两种表面处理同时出现已经是阵列焊点的常态。客户可能会制定不同的检验标准，此时质量检验就会麻烦多了。

电路板的最终目视检验，一直是电路板制造的沉重负担。但是，由于经验积累以及光学检验设备的帮助，目前对于金属表面缺陷的检查已经有了改善方案。但可惜的是，阻焊区检验到目前为止仍然没有完全取代人工的良好方案，这个部分有待业者努力。

13.6　质量管理

13.6.1　激光成孔质量

微孔的激光成孔质量，决定了微孔的先天故障模式。图 13.5 所示为七种主要激光加工微孔的质量特性，必须依特性规范、测量方法、样本数量与上下限控制。

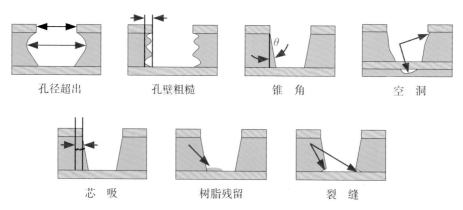

图 13.5   激光加工微孔的主要质量特性

13.6.2   微孔处理质量

微孔几乎不可能以目视检验，进行切片检验也极困难，其质量检验需要间接的制程符合性验证。合格微孔的状态如图 13.6 所示。

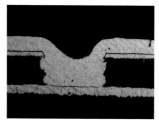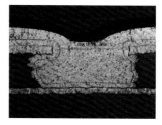

图 13.6   良好的微孔切片显示电镀均匀、无空洞、无漏镀等问题

典型的微孔缺陷可参考图 13.7 所示切片，将业者建议的测试附连条做在板边作为质量监控的依据。业者常用类似的 IPC-9151 测试附连条做验证，以统计手法测量一串孔的电阻变化，并做高加速应力测试（HAST）。基本的微孔加工质量要求：每百万微孔不出现超过 50 个缺陷，测试附连条的菊花链、开尔文电阻测试法的标准偏差不能超过 5%。

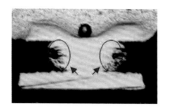

图 13.7   微孔缺陷切片

部分组装会面对微孔设计在焊盘内的困扰，OEM 工厂的技术报告显示：若采用微孔与盘中孔设计，要用锡颗粒较细的锡膏，裸板表面处理则倾向 OSP、HASL 与化学沉银，某些厂商还强调微孔焊盘的平整性。业者最期待的还是微孔电镀填满，可让组装问题减少且有更多的孔铜承载电流与热。图 13.8 所示为几种微孔填满结构的切片。

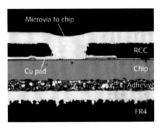

图 13.8　微孔电镀填孔呈现的微凹平面、树脂塞孔盖覆电镀面、堆叠孔

13.6.3　良　率

电路板批次良率不完全遵循常态分布，平均值与标准偏差的计算必须以不同的方式处理。以常态分布、标准偏差评估良率，会超过 100% 或低于 0%，这显然是不合理的。一次合格率是业者最关心的质量指标之一，应选用适当的统计模型来分析、研究和改善制程。一般新投入 HDI 板生产或者导入新产品时，都会面对初期的学习曲线问题。此时，应针对不同的良率进行改善，以期缩短学习曲线。

电路板制造中的化学制程总是难以控制，因此要考虑相关的变动因素以提高制程控制能力。第一个控制因子就是人员，需要设定高标准：

◎ 减少变异

◎ 提高一次合格率

◎ 减少修补与返工

◎ 改善质量与可靠性

◎ 改善技能

工作人员应尝试使用各种辅助制程控制工具与方法：

◎ 柏拉图

◎ 特性要因分析图

◎ 变异数分析法

◎ 实验设计法

◎ 制程优化

◎ 质量管理图

◎ 制程能力指标（C_p，C_{pk}）

◎ 六个标准偏差

目前市面上可用的统计软件繁多，可选择适合的类型辅助制程管制。获得制程的各段数据，可帮助业者解读其中的意义与结果。面对问题时，可尝试分析现有的代表性数据，或者抽样读取数据进行分析。利用统计工具分析，多半都能有效找到问题。

现有的统计软件，几乎都能根据需要提供各种分析图形，某些软件还可从网络上免费下载，业者可根据需要寻找适当的方案。

13.6.4 实验设计

实验设计（DoE）是一种有效的 HDI 板良率改善工具，它可控制多个控制因子，并观察到许多交互作用与其间差异。一般工程师可用的典型实验方法包括：

◎ 试错法

◎ 单一因子实验法

◎ 多因子设计法

DoE 是全面有效的工具，比尝试错误法和单一因子实验法的问题解决能力强得多。DoE 软件种类繁多，部分可从网络上免费下载，较专业的软件则价格不低。

13.7 HDI 的制作能力认证

这是个复杂问题，因为 HDI 设计规则的可变动因子太多。要了解厂商是否有能力制作产品，首先要关心既有设计。最佳的判断方式就是直接做厂商制作能力测试。

可用内部结构符合所需设计规则的测试样本，来验证厂商的制作能力。这些结构可用于参数与特性分析，利用设计的附连片做特征尺寸验证。IPC 有标准的测试结构建议，各家厂商也有自己开发的特定堆叠结构，可考验不同制程的能力与产品结构的电气性能，作为反馈制程能力的参考信息。

13.7.1 附连片认证

进行厂商制作能力分析的最佳方式，就是将诸多需要搭配的参数设计到电路板的附连片上，之后利用切片、非破坏性分析等方法对附连片做分析，针对关键特性、质量等搜集制程能力。

利用这些制程提供的可靠性评估、最终产品评估、制程内评估、制程参数宽容度评估等资料，可充分了解供应商的整体能力。

13.7.2 供应商认证

HDI 制造商的选择相当有挑战性。IPC-9151 是用来判定电路板制造商 HDI 能力的标准之一，它提供了所谓的 "PCQR2 标准板" ——设计有 2、4、6、10、12、18、24、36 层结构，搭配高、低密度设计，有五种厚度（电路板与背板）；且以全板尺寸 18″ × 24″ 来设计各种线路与间距、孔结构，其中包含盲孔、埋孔。用它来评估各厂商的 HDI 板制作能力与良率是理想方法之一，图 13.9 所示为代表性的 18 层含背钻的测试板设计要求。

笔者不想耗费篇幅列入个别层数的设计内容，相关线路图形设计、样本、报告都可在 www.pcbquality.com 下载。不少美商习惯用这种结构测试厂商能力，特别是系统板制造商。

笔者也在系统板厂工作过，经历过这种测试认证过程。尽管遵照标准制作与测试电路板相当方便，不过初期认证相当辛苦，搜集的数据也相当有限，难以得到稳定结论。若扩大样本规模，则实验成本会大幅提高，且未必符合工厂实际规划的产品方向。提出评估的客户，常会提高认证等级，宣称可得到较高的安全系数，但也因此必须付出不成比例的认证努力。

　　笔者其实倾向于采用实际产品结构来做认证，同时扩大取样数据量并延续到生产初期一段时间，这样有利于让技术能力稳定下来。而且，积累这些制程影响与设计经验，会对提升最终产品的一次合格率有所帮助。

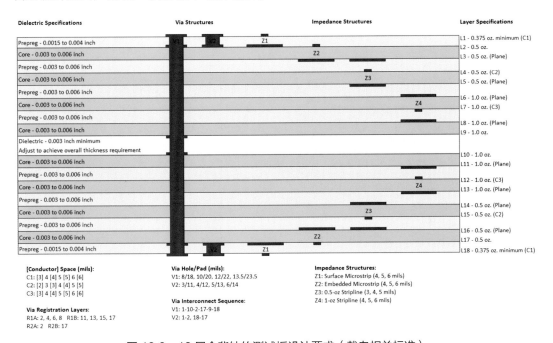

图 13.9　18 层含背钻的测试板设计要求（截自相关标准）

第14章

埋入式元件技术

埋入式无源元件（EP）与一般表面贴装元件相比，具有更大的性能优势。埋入适当电阻值、电容值的元件，有利于达成产品目标尺寸及性能。本章将介绍典型的埋入式元件制作材料与技术，也通过案例呈现成本、性能与尺寸的关系，同时指出何时、如何使用这种新技术。

要讨论埋入式元件技术，应该先留意相关规范。IPC-2316 是讨论有关电路板埋入式无源元件设计规则的规范，于 2007 年 3 月公布，分为八个部分：目标、适用的文件、简介、埋入式电阻、埋入式电容、电感、参考资料、IPC 发布的与埋入式元件相关的文章。

电子领域最大类的元件是分立无源元件，它比有源元件出现得早，且有长远的使用历史，既有通孔引脚插装类型，也有表面贴装类型。元件密度增大让电路板表面空间产生竞争，因此业者尝试采用埋入式元件技术将元件埋入电路板。

这种想法最早出现在 20 世纪 70 年代，晶体管刚用于军事与航天产品时。当时，电阻以线路蚀刻法制作在片状电阻材料上，之后以标准多层板制程与其他线路进行连接。80 年代初，业者在交错式电源、接地层间加入介质层，以降低电源噪声。90 年代，埋入式电容开始部分取代去耦合电容。蚀刻铜线圈取代电感则从 60 年代就开始了。目前组装技术有能力配置非常小的分立无源元件到板内，这让电路板可顺利埋入这些元件。目前这类表面贴装元件包括有源元件，如晶体管、IC，类似于 GE 早期发展的埋入式 IC-MCM。

14.1　埋入式元件载板

半导体技术路线图显示栅极尺寸会持续缩小，便携式消费性产品需要提供更多的功能。这两种趋势会增大电路板密度，同时缩小产品的尺寸及质量。结果就会出现全集成载板概念，需要提供所有必要的功能，如电池、天线、太阳电池充电、光信号输入、传感器、集成冷却机构、软性连接、有源元件 IC、晶体管、电感、电容与电阻。其中的某些功能已经可以实现，但是还有一些仍待证实。当所有功能都得以实现时，就进入了微机电系统（MEMS）时代。

过去因为元件尺寸大，无法直接埋入。但是这些年来较小 SMT 元件的发展，让元件埋入多层板内层的组装变得可行。某些重要因素在决定采用埋入式元件技术前必须考虑，如分立元件在板面或内部组装对成本有何影响？需要使用电路板多层结构制作元件与否？在单层贴装元件与利用电路板技术制作元件的成本应该相近，但是分立元件在相同结构尺寸下可制作出不同电气特性值，用埋入材料直接制作元件可能需要多层结构而增加成本。

新且较小的 SMT 元件已经被导入，如图 14.1 所示。01005（0.4×0.2×0.2mm）元件可被贴装在多层板表面或内部，它们小到足以在内层线路间安装，并在压板过程中被树脂材料填充。

新趋势也允许分立元件堆叠，堆叠 IC 芯片相当普遍且使用三维键合。但分立元件包含三维堆叠，就需要搭配特殊的焊接制程。

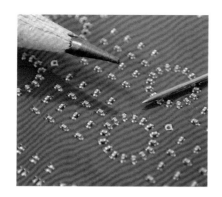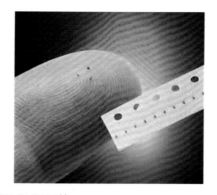

图 14.1　01005-SMT 元件

14.2　埋入式元件技术的优缺点

▌优　点

（1）可节省板面积：元件移到板内可节省表面积做出较小电路板，降低尺寸可让生产板容纳更多产品片数。

（2）增加功能并提高密度：将更多元件埋入板内，可获得额外功能与密度。

（3）改善性能：埋入式元件有较短的互连长度（较低电感）与较小尾端（较小电感），支持较高速度与较低噪声。

（4）减少焊点：埋入式元件可减少 SMT 焊点，改善组装的可靠性，特别是对高温无铅焊接。

（5）改善整体组装成本：系统成本是关键，电路板材料成本可能略高，但因制程测试材料较少、组装成本低而得到平衡，且还可用较小的电路板尺寸。

▌缺　点

（1）质量受到影响：实际生产中难以满足公差要求。

（2）埋入式电阻的调阻、制作缓慢且昂贵。

（3）设计考虑元件尺寸，比较麻烦。

（4）特定技术无法复制分立元件规格，特别是电容（$> 100nF/cm^2$）。

（5）片状介质材料只能提供有限的规格范围。

（6）样品价格相当高。

（7）不论是 1 个，还是 1000 个片状电阻，成本都一样。

（8）测试工具昂贵。

（9）在板内的元件无法返工。

（10）丝网印刷元件需要额外的设备投资。

利用电气性能设计分析工具可确定哪种元件可埋入，但是未必有助于成本计算。要计算埋入式元件的成本，必须考虑材料选择、制造与测试、电路板设计的埋入式元件数量。

这是一个抉择，需要面对分立元件、组装的成本变化。片状材料的设计，可埋入的元件越多，值得选择的优势就越大，这并不包含尺寸的缩小考虑。

14.3　埋入式无源元件的材料与制程

埋入式无源元件材料，可以是大片电阻材料、丝网印刷导电膏、加成沉积薄膜、涂覆介质电容、喷涂材料等。

14.3.1　电　阻

常见的电阻成分为金属氧化物、碳颗粒、小导体颗粒等，用有机高分子材料分散处理。电阻单位是欧［姆］（Ω），埋入式电阻材料则按单位面积电阻（Ω/cm^2）描述。表 14.1 给出了五种主要埋入式电阻制程。

表 14.1　埋入式电阻制程

制程类型	技术类型
图形制作（片状材料）	薄膜蚀刻（NiCr、NiP、NiCrAlSi、Pt）
网板或钢板印刷	有机厚膜技术、陶瓷厚膜技术
电　镀	选择性电镀
喷　墨	选择性制作
图形转移	感光高分子材料

实用的阻值范围见表 14.2。对于印刷厚膜技术（PTF）、陶瓷厚膜技术（CTF）、加成式电镀，可通过修整与混合制作调整特性值。

表 14.2　埋入式电阻的实用阻值范围

单位面积电阻（Ω/cm^2）	10	100	250	1k	10k	100k	1M
图形制作（NiCr、NiP）	√	√	√				
图形制作（NiCrAlSi）				√			
图形制作（Pt）		√	√	√	√		
丝网钢板印刷（厚膜）	√	√	√	√	√	√	√
丝网钢板印刷（陶瓷）		√	√	√	√		√
电镀（NiP）	√	√	√				
喷　墨	√	√	√				
图形转移分立元件	√	√	√	√			

薄膜埋入式电阻制程如图 14.2 所示，包含以下的步骤。

（1）覆铜箔基材，涂覆干膜、曝光、显影定义电阻宽度。

（2）以氯化铜蚀刻液蚀刻铜箔。

（3）退膜。

（4）以底片定义出电阻长度，并以干膜曝光、显影将电阻区暴露出来。

（5）用选择性碱性蚀刻液蚀刻电阻区的铜。

（6）退膜。

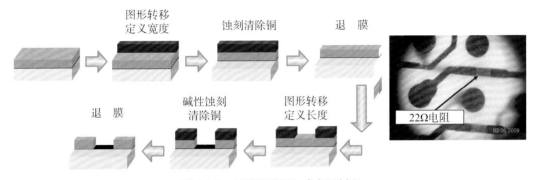

图 14.2　片状薄膜埋入式电阻制程

目前常用的埋入式电阻技术仍以丝网印刷、激光修整为主。图 14.3 所示为典型的电阻油墨印刷电阻。普遍使用的原因，当然是因为制作成本较低，但是受限于材料的稳定性，在电路板完成后还是容易受环境因素影响产生电阻值变异。

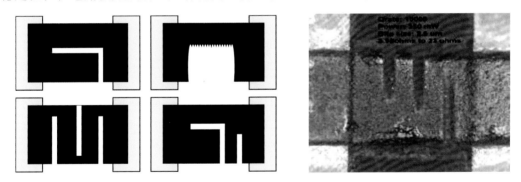

图 14.3　典型的电阻油墨印刷电阻

14.3.2　电　容

电容需要有大范围的特性值，它可以是传统分立或整片电容材料（电源、接地层间介质储能），用来配置各种电容量。依据法拉第定律，电容量反比于平行导体间的距离，正比于材料的介电常数。除了提供快速开关元件的储能外，分配电容量也可耦合电源与接地，提供较低的电源供应阻抗。电源总线上的噪声，也可用这种方式降低。各种埋入式电容制程见表 14.3 所示。

表 14.3　埋入电容技术制程

制　程	技术类型
图形转移蚀刻（片式材料）	铜箔基材搭配各种高介电常数介质材料
网板或钢板印刷	有机厚膜技术、陶瓷厚膜技术

续表 14.3

制　程	技术类型
喷　墨	选择性制作
图形转移	感光型高分子材料
薄膜溅镀	研发中

表 14.4 整理了各种埋入式电容的实用电容量，可用于个别埋入电容或者是大量配置的电容制作。

表 14.4　各种埋入式电容的实用电容量

材料类型	介电常数	厚　度	电容量
FR-4 基材	4.4	50μm	78pF/cm^2
	10	12μm	700pF/cm^2
填充型环氧树脂（填料）	15	16μm	850pF/cm^2
	30	16μm	1700pF/cm^2
PI 基材	3.2	12.5μm	250pF/cm^2
PI 基材（填料）	10	25μm	350pF/cm^2
专利填料基材	22	8μm	3000pF/cm^2
高分子厚膜	35	12μm	3000pF/cm^2
陶瓷厚膜	35、1500 ～ 2000	25μm	23nF、93nF/cm^2

埋入式电容的制程与埋入式电阻类似，业者用高分子材料形成埋入电容材料，电路板厂购买现成电容专用片状覆铜箔基材制作埋入式电容。电路板厂如用液态介质材料印刷或压合，则很难精准控制最终厚度，因此采购专用覆铜箔基材制作特性值较准确。也有电路板厂尝试以图形转移方式制作电容，不过这种技术耗用的材料与适用性都有待评估。

笔者与同事也曾尝试采用不同的概念制作埋入式电容并获得专利，概念来自于一般传统电容的堆叠结构，逆转方向后配置在基材面上可充分利用无用空间制作电容，兼容性相当高且电感也相对较低，如图 14.4 所示。可惜的是，与普通介质材料面对的问题相同，材料介电常数偏低导致可获得电容量受限。

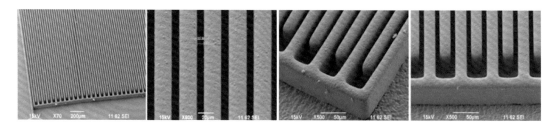

图 14.4　笔者开发的梳状埋入式电容

随着分立电容薄型化，直接做普通 SMT 组装的埋入式技术实用性逐步提高，目前已经有元件厂商可提供厚度约 150μm 的电容。图 14.5 所示为实际使用 150μm 电容制作的产品。

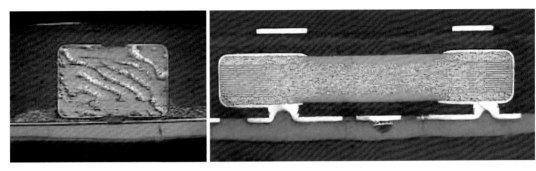

图 14.5　埋入式电容制作范例

用于埋入式电容用途的元件，其电极必须做厚铜处理，以匹配激光成孔最小铜厚与电镀需求。图 14.6 所示为典型的埋入式电容断面。

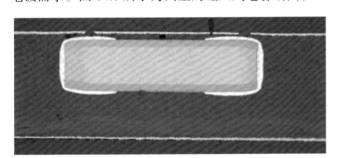 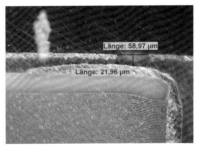

图 14.6　典型的埋入式电容断面（来源：www.we-online.com）

14.4　埋入式有源元件

埋入式有源元件，是在 1995 年左右开始作为军事用途发展的。IC 与无源元件都要先配置，之后才做元件的互连电路制作。激光成孔互连 IC 与元件，同时与表面电路构成网络，这就是后来的 HDI 技术。高分子半导体射频识别（RFID）标签，就是代表性应用。

三维埋入式结构快速发展，它不但能改善功能性，而且可维持紧密轻巧的外形，将成为立体封装的主要方向；不仅能提高密度，而且能可降低噪声、提升电气性能，让电源分配更稳定。

这种结构让产品设计变得复杂，除非采用恰当的辅助工具处理复杂程序，否则错误与故障风险会增大。尽管相关技术从 20 世纪 90 年代初期就已经存在，但是这几年才开始见到较明确的发展趋势。到目前为止，这方面的工具完备性仍然有限，设计依赖人工的比例还很高。

图 14.7 所示为三维封装的范例。当然，结合埋入式元件，可让互连密度再提高。

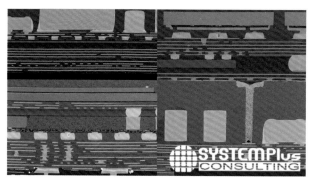

图 14.7　堆叠是三维封装的起步，进一步发展则是整合埋入式元件

14.5　知名三维埋入式有源元件结构

目前业者采用的三维埋入式有源元件有两种主要类型：芯片堆叠与封装堆叠。芯片堆叠包含系统级芯片（SoC），可搭配或不搭配硅芯片通孔（TSV）结构，包含系统级封装（SiP）。封装堆叠则是封装在封装上（PoP）的结构。埋入式有源元件技术正在成长，较知名的六种变形结构整理如下：

◎ 重新布线芯片封装（Redistributed Chip Package，RCP）——Freescale

◎ 无凸块增层（Bumpless Buildup Layer，BBUL）——英特尔

◎ 埋入式芯片（Embedded Chip，ECP）——Fraunhofer IZM

◎ 集成模块加成（Integrated Module Buildup，IMB）——Imbera

◎ 埋入式芯片加成（Embedded Chip Buildup，ECBU）——GE

◎ OCCAM——Verdant Electronic

系统业者尝试发展这些技术，是因为电路板小型化速度慢，且整体电气性能也不理想。利用 TSV 技术贴装存储器芯片到处理器上，提高 1000 倍的速度是可能的，还可减小 100 倍的耗电量。传统二维结构可达到每平方厘米约 100 个接点的密度，而键合、倒装芯片堆叠封装可提高到每平方厘米 1000 个接点。至于各种三维高密度直接连接结构，有提供每平方厘米 10000 ~ 100000 个接点的可能。极端的全三维集成，有提供每平方厘米 100 万个接点的可能。

目前，低密度通孔板仅能提供每平方厘米约 20 个接点，高密度 HDI 板也只能提供每平方厘米 10^5 个接点，这就是相关制程被提出的原因。对于直接 HDI 连接的元件，由于没有焊接空间需求，因此可支持高达每平方厘米几千个接点的连接。

对于埋入式芯片，裸芯片安置在互连结构的下方或内部，这些互连结构用来连接芯片与封装或载板接点。这种做法可在单晶、芯片级、BGA 载板、多芯片 SiP、三维堆叠等结构中看到。

▌重新布线芯片封装（RCP）

RCP 是一种芯片直接连接技术，不用载板且元件被制作或整合在封装外围，又或者

芯片使用半导体制程而不是标准电路板制程。这可以提供较高的密度，同时减小封装占用面积及减少焊接、键合需求。它使用感光 PI 介质成孔，而不采用激光成孔技术，如图14.8 所示。

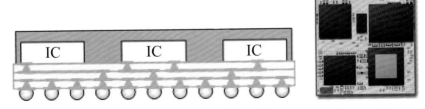

图 14.8　RCP™ 结构的截面与产品（右图来源：sm.semi.org.cn）

▌无凸块增层（BBUL）

某些埋入式芯片用封胶将芯片包入载板，用液态高分子材料在芯片面制作介质层，同时通过高分子材料与芯片焊盘导通，可用感光成孔或激光成孔。接着进行表面孔金属化与线路制作，形成第一层互连层，同时利用直接金属化连接到芯片焊盘。额外的互连层可以靠重复这个步骤来实现。英特尔的无凸块增层埋入式芯片技术，主要用于高端微处理器，如图 14.9 所示。这种结构确实能提升效能，但较可惜的是制作成本也相对较高。

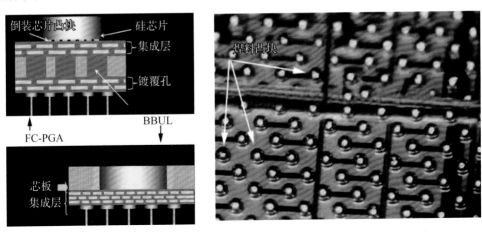

图 14.9　无凸块增层埋入式芯片的结构（来源：www.anandtech.com）

▌埋入式芯片（ECP）

搭配芯片研磨的埋入式芯片结构，磨薄的芯片放置在载板上，并在其上开始构建增层互连结构，如图 14.10 所示。

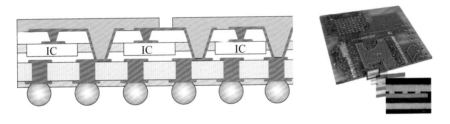

图 14.10　埋入式芯片结构（右图来源：www.ats.net）

集成模块加成（IMB）

根据赫尔辛基大学发展的埋入式三维技术，将减薄的芯片配置到电路板事先制作的凹槽中，密封芯片与其他元件后，制作微孔来连接芯片焊盘与元件，如图 14.11 所示。

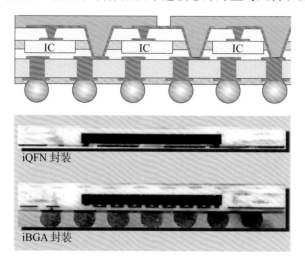

图 14.11　集成模块加成结构（来源：www.i-micronews.com）

埋入式芯片加成（ECBU）——GE

由 GE 中央研究所主导，用于多芯片的应用。ECBU 已经用于芯片级封装与 BGA 载板应用——都搭配了埋入式无源元件技术，如图 14.12 所示。

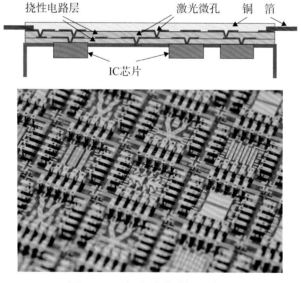

图 14.12　埋入式芯片加成结构

OCCAM

OCCAM 制程如图 14.13 所示，是一种先配置元件，而不是芯片优先的技术。直接连接的板结构先制作在元件上，免除了焊接与 SMT 焊盘的位置。结果是，可获得非常高的密度，互连复杂度也降低了，焊点可靠性不是问题，成本也较低。

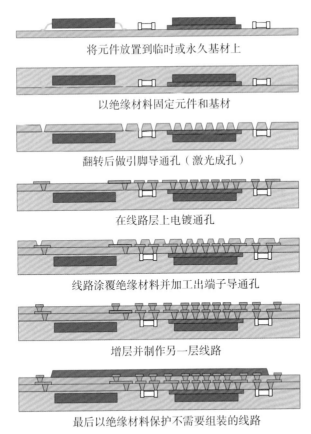

将元件放置到临时或永久基材上

以绝缘材料固定元件和基材

翻转后做引脚导通孔（激光成孔）

在线路层上电镀通孔

线路涂覆绝缘材料并加工出端子导通孔

增层并制作另一层线路

最后以绝缘材料保护不需要组装的线路

图 14.13　OCCAM 制程（来源：www.epdtonthenet.net）

14.6　埋入式元件的性能与应用

▌电源噪声

埋入式电阻、电容的电气性能几乎与一般分立 SMT 元件相当。虽然电容可用于各类应用，但是用于电源分配的电容，与去耦电容的工作形式大有不同。若采用盲孔与埋入式元件连接时，连接性能会优于通孔，因为盲孔有较小的电感。

▌电源阻抗

任何埋入式电容材料，不以单个电容使用时，可用于能量存储，还可发挥电源网络的去耦功能。铜面电能传输可利用电源 / 接地结构，以适当孔连接到指定平面，最终这些电容可以减小电源分配网络的高频阻抗。

▌设计与应用

埋入式无源元件不是新事物，它在 20 世纪 70 年代就存在。不过因为诸多原因，过去都用于军事应用。现在的市场将这种少量应用转变成大量应用，以满足低成本电子产品的需求，目前用量虽还有限，但是已经在逐渐成长。

埋入式元件板的设计较复杂，因此有较高的故障率。传统设计中，所有埋入式元件都靠手工加入或专门程序辅助。不过，目前较新的设计软件可提供相应的支持。这类技术最大的冲击是电路板设计时间：要成功应用埋入式元件，设计必须及早介入。

表面贴装元件的安装并不难，但还是建议及早介入，原因在于需要考虑电路板厂的能力，并设定设计规则。一旦设计遵照了这些规则，再更换供应商就难了，因此选择电路板厂成了首要步骤。

线路设计也会影响埋入式元件设计，例如：在线路设计中，元件的绝对特性值未必关键，较关键的是元件与线路的关系；未经修整的埋入式无源元件可能有 15% ~ 20% 的公差，但多数设计会有较高的精度期待。不过，用于电压或电流分压的两个电阻的比例会比实际元件的特性值关键得多。

同一片电路板上，采用某些埋入式元件材料与制程可将相对公差处理到 3% ~ 10%，因为所有元件是由同一制程制造的。相对公差相当重要，若设计者随意采用公司提供的标准无源元件数据，可能会导致过度设计与不必要的浪费。设计者应该考虑实际元件期待值，同时也要在符合实际需求的前提下确定必要的相对公差。

这类电路板的制造、测试方式，也会影响如何做埋入式元件设计。例如：若电阻要做激光修整，则在埋入式元件设计时就要考虑几个因素，首先要确定元件端子。对于小量生产应用，采用飞针测试是不错的选择。而大量生产，采用固定式探针几乎永远都是优先选项。

▌制程参数

如前所述，必须及早选择电路板厂，有埋入式元件经验的电路板厂可提供需要的制程参数。有许多可能需要的参数会来自于电路板厂，若他们不能给予相应的支持，埋入式元件经验恐怕就不完整。期待的制程参数，与所用的元件类型有关。对于厚膜电阻，与加成薄膜制程能力有关的参数如下：

◎ 印刷或电镀的厚度

◎ 焊盘边缘延伸宽度、最小焊盘宽度与重叠宽度

◎ 保护层增大尺寸

◎ 最小电阻本体宽度[①]

◎ 未修整公差

◎ 修整因子（为修整所需设计电阻值必须保留的百分比）

◎ 修整后电阻的最小宽度

◎ 材料的电阻值

◎ 各种电阻尺寸与电阻值的关系

对于所有的加成制程，焊盘参数会对公差产生深远影响。电阻材料经过多个制程后，就会出现对位偏差问题，这与焊盘参数如何设定有关。这个偏差可能源自焊盘与电阻材料的接触面积差异。

---

① 一般设计者会期待有不同的宽度来应对不同的公差需求。越大的电阻，受到变异影响就越小。此外，激光修整的前提是电阻够大。

图 14.14 所示为焊盘限定方式的范例，允许有一点对位偏差，但不能影响接触面积。下边是增加的尺寸。可明显看到，左偏右或上偏下的状态都不会影响材料的重叠性。对于薄膜减除技术，由于采用了不同的制程，会有其他要求。

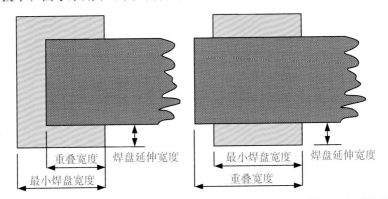

图 14.14　埋入式元件的焊盘宽度须大于元件，重叠宽度应该等于最大对位公差

薄膜电阻的参数如下。

◎ 焊盘边缘延伸宽度、最小焊盘宽度与重叠宽度

◎ 电阻底片定义面积

◎ 最小电阻本体宽度[①]

◎ 未修整公差

◎ 修整因子（为修整所需设计电阻值必须保留的百分比）

◎ 整修后电阻的最小宽度

厚膜、薄膜两种技术都力求制作小电阻，但是这会影响公差敏感度。越小的电阻，其制造允许公差的影响越大。对于薄膜减除制程，过大的电阻尺寸源自底片设计。个别制程步骤的底片对位，都会在铜蚀刻时转变成底部薄膜材料外形而影响电阻精度。若底片与线路重叠，线路就会成为电阻，进而可能产生缺陷。同样，若底片在制造中没有与电阻位置对正，残留的铜有可能让电阻值接近零。对位偏差会在在制板间发生变化，可能的风险是某些电路板测试过关，但是实际状况是导体边缘电阻值接近零，可能导致长期可靠性问题。电阻曝光时，侧向尺寸应该略大于图形，但是不应该引起邻近线路短路。如图 14.15 所示，底片加大的程度要适配可能的最大偏离水平。

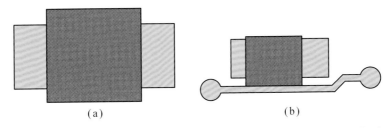

（a）　　　　　　　　　　　　　　（b）

图 14.15　元件底片图形侧向必须大于线路（a），但是不可大到引起导体短路（b）

---

① 期待有不同的宽度来应对不同公差的需求。越大的电阻，受到变异影响就越小。此外，激光修整的前提是电阻够大。

制程参数管理

制程参数会深远影响产出电阻尺寸，必须小心掌握、验证、管理这些参数。这些参数会成为产品设计的基础。关注制程参数，下一步是搜集所用埋入式元件材料的数据。许多不同材料必须搭配使用，相同材料未必能用于不同设计。因此，要准备多种材料，才能评估哪种材料与制程兼容。板厂不会对所有材料都有经验，新产品导入必须进行特性选择。

厚膜、薄膜电阻参数不同：薄膜电阻是以材料单位面积的阻值为基准的，并不在乎电阻的尺寸。对于厚膜材料，有几个参数会影响单位面积的阻值，这些变量都是电阻宽度与长度的函数。对于 100Ω 的薄膜材料，可以直接输入"100"作为阻值。然而，对于厚膜材料，就需要对照表来应对不同最终电阻长度与宽度。

另一个关键参数是电源，典型埋入式元件的尺寸大约可承受 100mW，对设计而言不够精准。要从材料商处取得必要的电阻数据，并将可承受功率列入考虑。厚膜电阻一般有固定功率（mW/mm²），薄膜材料会更复杂一点。制造商要做广泛测试，同时绘制出功率曲线。设计者可以利用这个曲线，确定给定尺寸电阻的可承受功率。为了服务设计者，材料商会公布线性规划方程——可用来计算电阻功率。制造与材料参数一旦输入与确认，就很少会明显变化，所以可把这些数据保存在数据库中。

所有参数都设定完成，下一步要做设计规划计算。细节不需要 100% 完成，最低要求是要有所有电阻的阻值与特性，如数值、公差、功率等。知道这些特性后，要避免修整电阻，可用无法达到的公差筛选所有电阻。对每个可用材料，也可以计算出各种电阻的理想尺寸，同时与想要的合理尺寸做比较。长宽比又称为纵横比。有了基础认知再预估可能出现的电阻值与外观尺寸，就可以有效地设计这类产品。

第15章

先进封装与系统封装

传统芯片封装已经逐渐发展到三维芯片堆叠与系统级封装（SiP）。目前的趋势是向较高级的三维封装整合，这需要面对许多挑战，包括设计工具、工作方法与部分设计者的困境。

"先进封装"是根据当初芯片封装设计转换所用的电路板材料命的名，但是目前这类技术几乎都用于电路板了，这是增加功能性／面积比的有效方法。

"MCM""Hybrid""SiP""SoP"都是常见的封装名称，半导体先进封装有众多称谓。缩写或略称常被用来呈现特定产品技术或产品意义，这里先针对这些一般性缩写或简称做讨论，尝试让读者了解其实际意义。其实这些名称有时候只有议题变化，谈到实际产品或技术差异时就比较模糊了。笔者只能尝试整理自己认定的重点，并针对内容做讲解。

15.1　封装名称

15.1.1　多芯片模块（MCM）

多芯片模块（MCM）是一种封装形式，在单封装内将多芯片整合在一起。MCM 自 20 世纪 70 年代开始发展，有周边引脚型 IC 使用这种载板技术制作。

（1）MCM-L："L"表示 Laminate（基材），使用传统基材电路板制作的载板。

（2）MCM-C："C"表示 Ceramic（陶瓷），使用陶瓷载板，如低温共烧陶瓷（LTCC）。

（3）MCM-D："D"表示 Deposited（沉积），载板线路以金属沉积法制作，在真空中做溅镀形成薄膜—这意味着高成本、高布线密度。

某些 MCM 含有无源元件，同时混合了模拟与数字功能。MCM 与 SiP 的界限其实有点模糊，芯片连接可采用键合或倒装芯片技术。

15.1.2　混合（Hybrid）封装

"Hybrid"这个名称曾有几个不同的名字。20 世纪 50 年代，美国国家标准局推动计划"Project Tinkertoy"想要发展高密度线路，在单一陶瓷载板上组装多个晶体管、无源元件。这个技术昂贵，但有些在 60 年代重新用于计算机量产。使用陶瓷混合技术的固态逻辑技术（SLT）模块，曾用于 IBM 的 360 计算机系统，如图 15.1 所示。

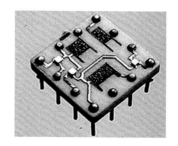

图 15.1　SLT 模块（0.5in^2）

SLT 技术现在仍然被用于高能量模块、高温电阻、RF 模块等应用。它有许多类型的载板技术，如低温共烧陶瓷、高温共烧陶瓷等。在制造过程中，带状材料经过一次成孔、凹槽制作、导通，之后堆叠成三明治结构，形成均匀载板。杜邦的"绿胶带"（Green Tape）就是普遍使用的材料，可用来制作 LTCC。HTCC 在约 1500℃下烧结，而 LTCC 大约在 875℃下烧结。在较高的温度下，HTCC 导体必须以钨或钼制作，这些都不是理想导体。对于较低温的 LTCC，导体材料可以是金或银，这些是很好的导体。烧结过程中材料会产生收缩，这个收缩相当明显，因此制造用的底片与工具都要做收缩补偿。图 15.2 所示为典型的陶瓷载板制程。笔者猜测，ALIVH 的概念就来自于陶瓷载板制程。

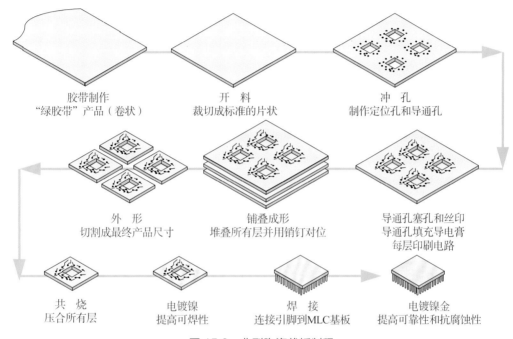

图 15.2　典型陶瓷载板制程

15.1.3　系统级封装（SiP）

系统级封装是芯片单一封装，包含一片以上芯片并集成无源元件。部分人士认定这些无源元件必须是传统分立元件，不过也有人认为采用埋入式无源元件的也应该属于这种 SiP 技术。IC 集成不同技术相当普遍，如数字信号处理、RF 微波放大器、射频线路等。

在 SoC 上，单一大型多技术芯片被封装成为完整系统。SiP 的优势是，惯用的 ASIC 可搭配标准元件，如存储芯片，这样可成为非常弹性的系统。整体设计时间与成本都可降低，但有时一味降低成本也可能导致功能性或密度降低。具有上述特性的产品的设计过程会因为分区而风险低，且过程也相对简单。

15.1.4　系统级封装（SoP）

系统级封装（SoP）的原始想法来自于佐治亚理工学院的 Rau R. Tummala。SoP 是一种封装或者一个模块，具有多于单一芯片结构并集成薄膜埋入式无源元件。某些人会认定 SoP 等同于 SiP，因为它们有一些元件是相同的。不过，真实 SoP 的载板使用增层有机载板技术，类似于用于 IC 产业的产品，且 SiP 可使用塑料载板。实际上 Tummala 认为，SiP 是 SoP 的一种延伸。

15.1.5   层叠封装（PoP）

PoP（Package on Package）是一种 BGA 封装的堆叠技术，主要用于增加功能性与面积利用率。PoP 封装本身可以是一个 SoC、SoP、SiP 或者任何其他类型的封装。

它采用基本的 BGA 封装，底面有锡球引脚，上面有 BGA 焊盘，如图 15.3 所示。另一个 BGA 可被焊接在这个器件上面。可以堆叠 2 ~ 6 个器件或者更多，最普通的 PoP 应用仅有两个器件堆叠。

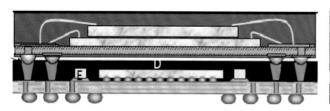

图 15.3   以 PoP 技术制作的构装堆栈（资料源：www.3dincites.com）

15.1.6   硅通孔（TSV）

硅通孔（Through Silicon Via, TSV）是一种芯片堆叠互连技术，而连接通路是芯片内的通孔。它类似于 PoP，但直接采用裸芯片。图 15.4 所示为典型 TSV 技术制作的导通结构。

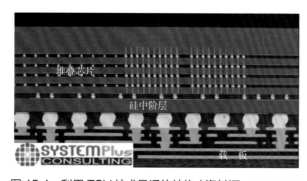

图 15.4   利用 TSV 技术导通的结构（资料源：www.eenewseurope.com）

15.1.7   晶片级封装（WLP）

晶片级封装（WLP）以单芯片搭配 BGA 凸块直接在晶片表面形成封装，且尺寸几乎相当于芯片。晶片级封装有时候被称为"晶片级芯片规模封装"（WL-CSP）。通常，其凸块在切割成单一芯片前（从晶片上分离出来）就已经完成制作，因此被称为"晶片级"。

15.1.8　芯片级封装（CSP）

芯片级封装（CSP）在 IPC 标准 J-STD-012 中有规定，其为单芯片封装且最终的最大封装尺寸不超过裸芯片面积的 1.2 倍。

15.1.9　倒装芯片

倒装芯片是一种芯片连接到载板的方法。不同于一般键合连接，倒装芯片使用的凸块网格类似于一般的 BGA 外部接点结构。连接方法可采用回流焊、热超声键合或者各向异性导电胶（ACF）连接等技术，其中各向异性导电胶连接是一种环境友好的连接技术。

15.1.10　控制塌陷芯片连接（C4）

控制塌陷芯片连接（C4）是 IBM 开发出来的一种倒装芯片连接技术。倒装芯片凸块用焊锡制作。它们融化时会产生塌陷，而形状由熔化金属的表面张力决定，因此用"控制塌陷"来命名。

15.1.11　重新布线层（RDL）

芯片引脚位置呈现较高密度节距，之后靠调整来适配实际封装线路的网格——倒装芯片凸块就制作在上面，因此需要芯片与凸块位置吻合。这个连接机构制作在芯片表面的金属层，因为它重新配置了接点、引脚的位置，故被称为"重新布线层"。

15.2　三维封装

简单地说，三维封装意味着元件在垂直方向上进行组装（典型方式是堆叠裸芯片）。MCM、SiP、SoP 都可用三维封装法。

在焊盘有限的设计中，I/O 数量受芯片尺寸限制。配置完所有 I/O 位置后，环状 I/O 内部面积比芯片大就会造成芯片面积浪费。面积浪费会造成设计成本增加，因此常使用各种技术提升芯片面积利用率。而当引脚集中配置在芯片周围时，设计就无法充分利用芯片面积。若芯片配置 I/O 后仍有间隙，一般会以特殊补充区块填入。一般环状 I/O 间隙会让电源与接地环断开。

芯片要连接到封装，且封装也要进一步连接到电路板。此时应该整合芯片 I/O、电源 / 接地系统与封装引脚设计，优化整体系统性能。某些低 I/O 数案例可以手动处理，这在目前仍然普遍。也可利用较大的电子表格系统执行，或者用自制软件、专有程序处理。不过，面对数百或数千的互连时，手动处理优化就非常不切实际。

更重要的是要能做芯片设计变更，在芯片 I/O 系统配置与布线完成前，检讨个别 I/O 的驱动能力是必要的。在芯片设计中，I/O 区块需要安置，电源 / 接地系统也需要布局。要在接近完成设计的芯片上进行变更的成本相当可观，因此及早处理与保留弹性很重要。面对这些设计挑战，需要用计算机辅助设计系统帮助工作，这被称为"芯片－封装－电路板共同设计"，市场上有相关的应用软件与附属配件。

从长远看，产品的空间不会增大，提高功能性和封装密度只有两条路：

◎ 减小 ASIC 的特征尺寸，以适应在相同芯片尺寸下做设计

◎ 使用三维堆叠来产生 Z 轴线路

芯片堆叠

芯片堆叠理论上相当简单，只要将芯片堆在一起并做接合即可，不过实际上会有一点困难。不论是使用键合或其他芯片连接类型，作业中都必须进行部分芯片的连接。此外，还要面对几个芯片间的热影响，特别是在空间相当拥挤时。甚至部分芯片的热点区也要考虑，以免发生热区重叠问题。有时可能要用到热分析工具，以确保堆叠是一个较安全的结构。

中介板设计

中介板（Interposer）放在两个堆叠芯片间，可以是一片固体金属、塑料、布线载板或者其他对象，用来连接上下芯片。当细节距器件需要连接到较低密度的电路板接点时，就会利用这类技术。转接板可用来散热，或者用来让上方芯片有足够空间做键合，最终为上方芯片提供足够的机械强度来支撑键合。

层叠封装

有两个或更多完成封装的器件被堆叠时，焊接留在上表面的焊盘有利于工程师进一步堆叠器件。层叠封装（PoP）受到关注的原因是它提高了功能性和封装密度，同时可提供较大的弹性。例如：使用一个信号元件，结合下方的各种内存封装，在上方也可简单规划其他内存或额外用途。

PoP 快速普及，特别是在移动电话与消费类电子产品上普及，是因为它具有设计弹性与高功能面积比。这使业者可不遵循 JEDEC 标准引脚配置而制作特殊元件，也能做PoP 组装。

热影响

当更紧密的有源元件集成在一起时，就不得不面对热集中的问题。若不将热排出，线路与元件就会过热。直接堆叠芯片到其他芯片上，最终会形成均匀的硅芯片结构，而总散热需求等于个别芯片需求的总和。其他堆叠法，如 PoP 也要面对类似问题。除非妥善解决，否则热问题会导致设计故障。因此，评估热影响是封装设计的必要过程，必须找出最佳堆叠结构来做设计。

大型芯片的散热能力相当重要，一般不仅要通过芯片表面散热，还要通过整个芯片封装散热。散热也与芯片工作状态相关，有时候还与软件有关。低端芯片优先使用的散热措施包括改善芯片到载板的导热性，增加电路板内金属含量。高端芯片会贴一片散热片。为了平衡多芯片的芯片间温度，时常会在芯片间配置导热中介板。要了解热影响细节，必须采用三维热分析工具并进行测量。

信号完整性问题

堆叠芯片也会带来串扰噪声风险，如一个芯片信号出现在另一芯片上方。若两个芯

片都在同一公司设计，该问题应可列入规划：将芯片转向、调整空间或重新布线，就可维持良好的信号完整性。否则，制造商必须专门排除噪声风险。

15.3 HDI 板的组装

从电路板的角度看，HDI 技术纯粹是一种提高密度的电路板技术而已。但是，电路板的主要功能就是承载与连接，理解封装采用的组装技术也是必修课。

15.3.1 键合连接

键合是一种利用细致金属线材，连接一个芯片引脚到另一个芯片或载板的连接技术。典型的线材是高纯度的金线，常归类为 4N 线材，一般直径为 15 ~ 250μm。线材会键合到芯片与载板的引脚焊盘上。有不同技术可用来形成引脚键合，或者说是键合连接。

在热压键合技术方面，键合面被加热到 300℃以上，之后线材受高压朝键合面压下，压力可高达 10000lbf/in² (1lbf=4.45N)。若以压向键合面的压力推算，则每条线大约受到 25gf。热压键合一般只用于楔形键合。

在超声波键合方面，线材与芯片相互摩擦，使金属表面产生粗糙度，这样界面间就会紧贴并产生相互扩散而键合。相互摩擦的能量是超声波振荡产生的，超声波键合可在室温下实施。

热波键合是非常普遍的方法，热能量与超声波能量同时作用，产生键合。先将键合面预热到约 150℃，键合面必须清洁、无污染。

键合节距可以非常小。由于先进封装与系统封装能力都在快速变化，所以实时探讨主流与尖端技术相当困难。实际量产的节距，仍然遵循 ITRS 技术路线图的节距要求，业者认定目前可行的最小节距约为 35μm。

键合机上的线嘴用来移动线材并产生键合，它有许多形状与尺寸。载板设计时必须留意线嘴移动问题，同时要注意尺寸，避免线嘴干扰周边对象。键合一条线大约要用 200 ~ 600ms。有几种类型的键合是根据特征命名的：球体键合以熔解键合材料尖端而形成微小球体，形成的球体接着就键合到芯片或载板上，如图 15.5 所示。

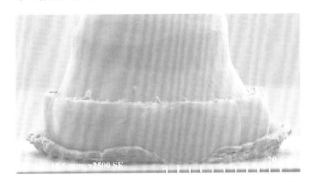

图 15.5　球体键合的细节

图 15.6   楔形键合的细节

常利用高压电极形成球体，线材尖端受电极电弧作用而熔解成球，这个球被称为无气体球（Free Air Ball，FAB）。键合端总以楔形键合完成，因此典型金线键合以球体始，而以楔形键合终，这就被业者称为"球体 – 楔形键合"。

楔形键合技术没有球体形成步骤，而是采用特殊工具产生楔形外观的键合，如图 15.6 所示。

这种键合方法与球体键合相比，有较低的循环高度。也可以在键合两端都采用楔形结构键合，这时就称其为"楔形对楔形键合"。

对于高功率与射频（RF）类产品，有可能必须使用带状线材做键合。它的优势是可承载较大的电流，并具有较低的电感，较低的循环高度。图 15.7 所示为典型的带状键合。

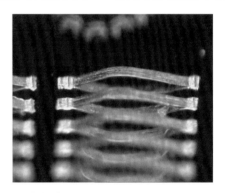

图 15.7   典型的带状键合

拉高键合是一种为了减小键合回线弧度而提高键合位置的技术。其实大家对针点（stitch）键合的看法不同，有些人认定它是拉高位置键合，有些人则认为它是跳跃式键合。其实，针点键合从单点开始，之后顺序到达一个以上的目标点，但是在中间并不切断线材。

使用拉高位置键合的目的是，让键合循环能够压到极低的弧线水平。它首先在接点位置制作楔形或球形键合点，之后切断线材并在相对端点制作一个新键合，再回到事先制作楔形或球形接点的位置做键合。这样可构建一个离芯片表面非常近的循环，并产生非常低的联机结构。键合成本会因为耗用时间增加而提高。典型的拉高位置键合如图 15.8 所示。

两芯片间做连接，可键合到载板上通过载板布线连接，也可直接做键合连接。以短键合直接连接会有优异的电气性能，同时可节省载板空间，因此是建议使用的方法。设计工具需要辨认直接芯片连接，同时必须有效改善信号完整性。分析信号与电源完整性的工具，必须支持这类互连技术。配置量没有任何规则限制，只要空间足够且键合位置足以容纳键合头，就可多线连接。

有些芯片互连需要较高的电流，这可能是单线无法提供的能力。此时，用特别线材键合的成本偏高，替代方式是增加多条线材连接，以平行方式配置在相同焊盘上。

多重键合的另外一个好处是，整体电感较低（三条平行的电感，等于相同单一电感值的 1/3），这正是接地与电源连接想要的。

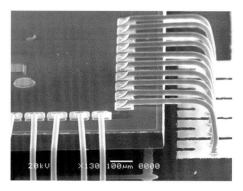

图 15.8　拉高位置的低循环键合细节

15.3.2　倒装芯片连接与线路布局

倒装芯片不是新技术，IBM 在 1960 年代初期就申请了 C4 制程专利。用于 360 系统大型计算机的 SLT 模块当时就使用了 C4 技术。倒装芯片的散热与电气性能优异，但因诸多原因，键合仍是主要接合技术。目前推动倒装芯片技术的因素源自高引脚数，同时也面对着超高速数字信号的挑战。

用倒装芯片技术将芯片贴装到载板上称为倒装芯片键合。有几个典型方法，其中一种方法类似于 BGA 回流焊：将锡膏涂覆到界面上，并以回流焊进行加热熔接。焊料合金熔化时，其表面张力会让芯片自对准，让芯片凸块与载板焊盘顺利接合。

另一个有趣的技术已经相当普及，那就是用各向异性导电胶或膜接合。各向异性导电胶是一种以环氧树脂为基础的膜，只有 Z 轴导电。这种膜可贴在表面，并不需要让凸块间产生接触，但是仍然可以靠芯片凸块与载板焊盘所提供的 Z 轴压力连接。

键合仍然是常用的连接方法，它便宜、快速、被大家熟悉。但是，当输出和输入接点、电源、接地的引脚数大增时，就不可能将这些点都配置在芯片的环状外围。另一个使用倒装芯片技术的动力则是信号完整性问题，键合会引发一些寄生噪声，虽然这也存在于倒装芯片互连，但是后者的程度却小得多，因此可以支持较快速的数字信号输出。当信号完整性要求高或 I/O 与电源、接地连接要求非常高时，理所当然会采用倒装芯片键合技术。实际状况会与几个因素有关，而 I/O 位置、尺寸是其中最重要的因素。

芯片上的每一个电源、接地与 I/O 接口位置，都需要连接到倒装芯片凸块上。只要有一个信号位置，就需要一个 I/O 缓冲带，凸块一般配置成标准或阶梯状阵列。有时候它们完全聚集，但是时常会看到个别凸块配置在外；有时候又会看到凸块通路偏离。线路未必都需要规则化，但用于特定目的的线路确实要有布线规则。

信号线 I/O 可以有不同结构。当 I/O 配置在芯片外围时，就如同键合焊盘位置，而对于倒装芯片，就会选用面阵列结构，这时 I/O 被配置在芯片的核心位置。两种做法都需要金属线，从芯片核心功能处到达焊盘位置，或用线路从 I/O 位置连接到倒装芯片凸块处。这被称为重新布线，是芯片上的额外金属层，因此需要遵守芯片的设计规则。

当一个大的 BGA 配置在电路板上时，设计者需要做拆解以提供所有信号布线，让它们尽可能在少的层数下扇出 BGA 区域。其中一种方法较合理，就是做电源层、信号层整合。封装方面的问题则恰恰相反，因为它的挑战是朝内串入的布线。

单芯片封装的挑战是，要将所有芯片接点引导向外扇出，最终能够连接到封装的引脚。不论是键合芯片还是倒装芯片，也不论是封装 BGA 板还是其他类型，基本目标都是一致的。对于小型 BGA 倒装芯片封装，要让线路扇出，就必须用够窄的线路与够小的微孔，这与电路板上 BGA 要布线扇出的想法一样，只是封装载板要用更小的尺寸设计。如同在电路板上，封装载板阻抗线路与总线信号要保持在一起，而电源、接地也需要特别注意。用较窄的线路做整个封装的布线会有良率与成本的担心，因此一般状况下，一旦通过芯片扇出线路的瓶颈区，线路宽度与间距的设计都会加宽。

当一片芯片要做键合时，键合焊盘都会配置成有利于键合的位置，以提升键合良率并降低布线难度。这样就发展出扇出的布线设计模式。布线时必须避开高密度焊盘分布区域，如图 15.9 所示。

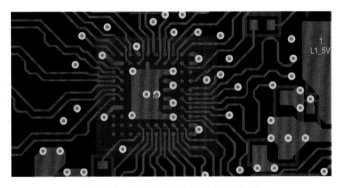

图 15.9　高引脚数阵列的扇出布线

当近距离检验高密度多芯片封装，会看到每个芯片会面对不同的穿越与串入的挑战。设计时必须决定每个芯片的互连策略，一旦穿越与扇出方式都被采用，这类封装就可用上述方式布线。键合芯片的扇出布线如图 15.10 所示。

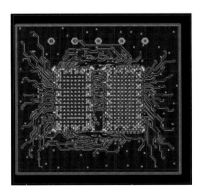

图 15.10　键合芯片的扇出布线